普通高等教育"十三五"规划教材
新工科建设之路·计算机类规划教材

C 语言学习辅导与实践

赵建辉　李国和　张秀美　主编

电子工业出版社
Publishing House of Electronics Industry
北京·BEIJING

内 容 简 介

C语言是当今流行且最具代表性的面向过程的计算机高级语言之一，其代码具有描述问题简便、执行效率高、可读性好、可移植性强和高度结构化及模块化等优点，因此广泛应用于系统软件与应用软件的开发。本书以"消化巩固知识，提高编程技能"为指导，与《C语言及其程序设计》（李国和主编，电子工业出版社，ISBN 978-7-121-34305-6）一书配套，涵盖课后习题解答、典型例题解析与习题、上机实验和综合练习题4个部分。

本书内容丰富、实用性强，书中例题、习题代码均在 Visual C++ 6.0 中运行通过，非常适合读者自学，除作为《C语言及其程序设计》配套教材使用外，还可作为高等院校各类专业学习 C 语言等相关课程的辅助教材，也可作为各类进修班、培训班及对 C 语言感兴趣的学习者参考使用。

未经许可，不得以任何方式复制或抄袭本书之部分或全部内容。
版权所有，侵权必究。

图书在版编目（CIP）数据

C 语言学习辅导与实践 / 赵建辉，李国和，张秀美主编. —北京：电子工业出版社，2018.9
ISBN 978-7-121-34288-2

I．①C…　II．①赵…　②李…　③张…　III．①C 语言－程序设计－高等学校－教材　IV．①TP312.8

中国版本图书馆 CIP 数据核字（2018）第 111031 号

策划编辑：章海涛
责任编辑：章海涛　　　　　文字编辑：孟　宇
印　　刷：北京七彩京通数码快印有限公司
装　　订：北京七彩京通数码快印有限公司
出版发行：电子工业出版社
　　　　　北京市海淀区万寿路 173 信箱　　邮编：100036
开　　本：787×1092　1/16　印张：17.75　　字数：454 千字
版　　次：2018 年 9 月第 1 版
印　　次：2024 年 7 月第 3 次印刷
定　　价：39.00 元

凡所购买电子工业出版社图书有缺损问题，请向购买书店调换。若书店售缺，请与本社发行部联系，联系及邮购电话：（010）88254888，88258888。

质量投诉请发邮件至 zlts@phei.com.cn，盗版侵权举报请发邮件至 dbqq@phei.com.cn。

本书咨询联系方式：mengyu@phei.com.cn。

前　言

　　计算机已经成为信息技术的关键和信息社会的基石，目前计算机知识和技能也成了人们必备的基本知识和基本技能。目前，学习 C 语言的人员很多，C 语言的教材也比较丰富，但以"消化巩固知识，提高编程技能"为组织形式的教材并不多见。本书与《C 语言及其程序设计》配套，包括 4 个部分，具有以下特点。

　　（1）第 1 部分是课后习题解答篇，给出了《C 语言及其程序设计》每章习题的详细解答，以消化、巩固 C 语言知识为主。

　　（2）第 2 部分是典型例题解析与习题篇，章节安排与主教材基本一致，这部分首先对一些典型例题进行详细讲解，然后列举丰富的习题，包括选择题、读程序写结果、填空题、编程题等题型，供学生在平时学习过程中对所学知识、概念进行基本训练，最后给出部分习题答案。

　　（3）第 3 部分是上机实验篇，以巩固 C 语言知识、提高技能为目的。包括实验目的及要求、Visual C++集成环境的介绍及实验指导。其中，实验指导包括 C 语言程序开发环境及上机过程、顺序结构程序设计、选择结构程序设计、循环结构程序设计、构造数据类型（一）、构造数据类型（二）、指针、结构体和共用体、函数一、函数二、文件的使用共 11 个实验，实验内容丰富，能够紧密结合相关的课程内容，对读者掌握相关知识有很大帮助。

　　（4）第 4 部分是综合练习题篇，供学生在结束本课程的学习后，对自己的学习情况做一个综合的模拟测试，以检测学习效果，同时也可以作为课程考试的模拟试卷。

　　作者多年来一直从事研究生和本科生的 C 语言课程教学工作，在深知学生对 C 语言知识的渴求和希望达到的 C 语言应用水平后才逐步确定教材的内容。本书由赵建辉负责总体思路、框架和统稿，并编写第 4 部分，李国和编写第 1 部分，张秀美编写第 2、3 部分。需要特别说明的是，在教材编写过程中，得到了中国石油大学（北京）教务处、地球物理与信息工程学院、校级 C 语言优秀教学团队、中国石油大学（北京）克拉玛依校区教务等部门的大力支持。在本书编写过程中，还得到了王新、张丽英、范江波、张岩、董丹丹、段毛毛等 10 多位教师不可或缺的帮助，在此一并向他们表示衷心的感谢！同时，也感谢新疆维吾尔自治区教改项目"面向新工科教育的计算机基础教学研究与实践（2017JG094）"的支持。

　　由于计算机技术的飞速发展，并且作者水平有限，因此不完善之处，甚至缺点错误在所难免，敬请读者批评指正。

作　者
2018 年 4 月
于中国石油大学（北京）

目　　录

第 3 部分　上机实验篇

第 4 部分　综合练习题篇

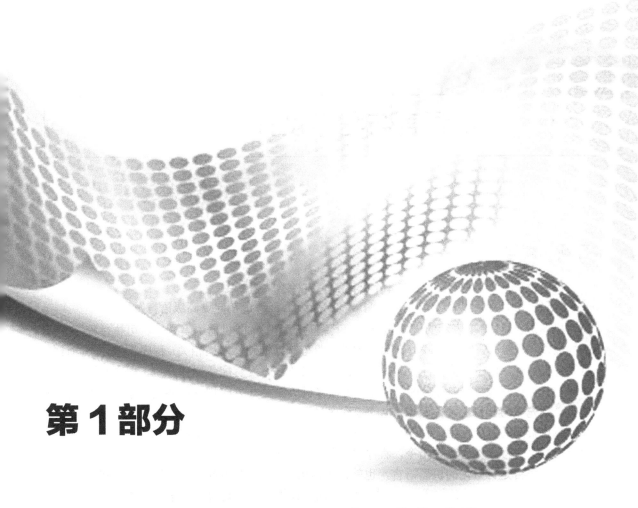

第 1 部分

课后习题解答篇

第 1 章

C 语言与程序设计

习题 1 解答

1. 计算机语言发展经历了哪 4 个阶段？各有什么特点？

计算机语言经历了机器语言、汇编语言、高级语言，正在向更高级语言发展。

机器语言是 0、1 表示的机器指令，由其编写的程序（即机器语言程序、可执行程序）可读性极差。机器语言紧密关联着计算机硬件，即与计算机硬件密切相关，程序不能在不同计算机硬件上运行，程序可移植性极差。运行机器语言程序，没有配备操作系统，程序开发人员需要参与计算机资源（如内存分配）分配，对计算机资源及其分配规则需要充分了解，程序开发人员必须先成为计算机硬件专家，也就是程序员既要关注问题求解目标及其实现算法，又要关注计算机资源的分配使用，程序可编程性极差。由于机器语言直接面对、关联着计算机硬件，因此机器语言程序不含冗余指令，程序可执行效率极高。

汇编语言是符号化的机器语言，也就是机器语言的 0、1 指令用符号表示，由其实现的程序（即汇编语言程序、源程序）可读性较好。由于计算机只能运行机器语言程序，因此需要将汇编语言程序（即源程序）翻译为一一对应的机器语言程序。在这个翻译过程中，如果由人工完成，那么该过程称为手工代填；如果由专用程序（即编译程序、编译器）完成，那么该过程称为编译。汇编指令与机器指令一一对应，除可读性较好外，其他方面与机器语言一样，也具有可移植性差、编程性差、执行效率高的特点。机器语言、汇编语言统称计算机低级语言，也称面向机器语言，适合开发系统软件。

计算机高级语言为类自然语言的符号化语言，由其编写的程序（即高级语言程序、源程序）可读性好。计算机不能直接运行源程序，需要将源程序通过编译器（即编译软件、编译系统）编译为机器语言程序才能运行。只要在不同计算机上安装编译器，相同计算机高级语言程序即可编译为适应不同计算机可执行的机器语言程序，因此源程序可移植性好。由于计算机资源（如内存）等可在程序中抽象表示（如变量、变量名），并由操作系统维护管理，程序员无须参与计算机资源分配、管理和维护，而只需关注问题求解目标和实现算法，因此程序编程性好，高级语言也称面向问题语言，适合开发应用软件。由于高级语言程序的一条可执行命令（语句）经过编译后往往需要多条机器指令，甚至包含冗余的机器指令，因此程序执行效率较低。

上述计算机低级语言和高级语言在进行问题求解时，程序设计（即用计算机语言描述问题求解过程）主要涉及求解目标和实现算法。采用更高级语言进行程序设计时，只需用更高级语言描述问题求解目标，而无须描述算法。运行更高级语言程序时，自动生成问题求解算法及其程序，即程序自动生成。这也是程序设计语言发展的目标之一。

2．为什么 C 语言又称中间语言？

C 语言是面向问题的过程型高级语言，具有高级计算机语言的特点，如过程型语言编程风格、无须参与计算机资源管理等，且相对其他高级语言程序执行效率高，适用于应用软件的开发，同时 C 语言开发环境提供了大量具有访问处理计算机硬件功能模块（即函数）和直接访问内存（指针）功能，如访问物理地址、操作硬件、位运算、动态分配内存和调用中断服务程序等，能够实现低级语言才能实现的功能。总之，由于 C 语言具有高级语言的编程风格和实现低级语言功能的能力，因此称之为中间语言。

3．根据计算机高级语言的编程风格，计算机高级语言可分为哪几类？各有什么特点？

根据计算机高级语言的编程风格，计算机高级语言大体可分为 4 类：过程型语言（如FORTRAN、BASIC、Pascal 等）、逻辑型语言（如 Prolog 等）、函数型语言（如 LISP 等）和面向对象型语言（如 Smalltalk、C++、Java 等）。

过程型语言程序设计的核心为数据，即常量、变量、表达式及参数等，其主要过程控制为结构化程序设计，即顺序程序设计、分支程序设计和循环程序设计，主要用于科学计算。C 语言吸收了过程型语言的特点。

函数型语言程序设计的核心为函数定义和函数调用，属于弱数据类型语言，尽管保留了无条件转向和条件分支控制程序的走向，但主要还是通过递归调用形式控制程序，其最大的特点是通过函数的定义，实现程序的模块化，主要用于符号处理，是人工智能程序设计语言之一。C 语言也吸收了函数型语言的特点。

逻辑型语言程序设计的核心为谓词（包括事实和规则），没有结构化（顺序、分支、循环）机制，唯一控制程序结构只有递归和 Cut，内嵌程序运行机制只有自动搜索、匹配、实例化和脱解，主要用于符号处理，是人工智能程序设计语言之一。

面向对象型语言程序设计的核心为类、对象、方法、继承、消息和多态等，高度模块化和结构化，用于系统集成。在其方法实现上，吸收了过程型和函数型语言的特点。

4．叙述算法的定义、特点及其与程序的关系。

算法就是明确问题求解目标后确定问题求解的步骤，具有以下特点。

（1）输入：有零个或多个由外部输入给算法的数据。

（2）输出：有一个或多个由算法输出的数据。

（3）有限性：算法在有限的步骤内应当结束。

（4）确定性：算法中任意一条指令清晰、无歧义。

（5）有效性：算法中任意一条指令操作有效、无误。

算法可以用伪语言、流程图、N-S 图等描述，也可以用计算机语言描述。用计算机语言描述算法的过程就是程序设计。用计算机语言描述算法的结果就是程序。

5．函数

$$y = \begin{cases} 2 + 3x, & x \leq 0 \\ \sum_{i=1}^{5} (i^2 x + 5), & x > 0 \end{cases}$$

分别用自然语言、伪语言、流程图、N-S 图和 C 语言描述。

（1）自然语言描述。

输入变量 x；

输出变量 y；

如果变量 x 小于等于 0，那么 y 的值为 2 加 $3x$；

否则 y 的值为 i^2x 加 5 的累加，其中 i 从 1 到 5，共累加 5 次。

（2）伪语言描述。

```
Input x
Output y
If x<=0 then y gets value of 2+3x
Else
    y<=0
    For i=1 to 5 step 1
        y<=y+i²x+5
    End For
End If
```

（3）流程图描述。

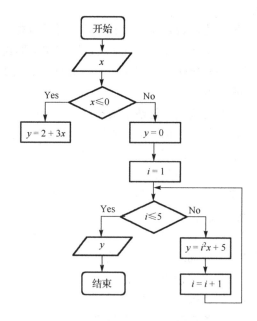

（4）N-S 图描述。

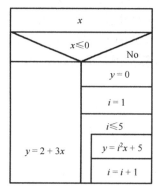

（5）C语言描述，即C程序设计。

```
float solution(float x)
{
    float y;
    int i;
    if(x<=0) y=2+3*x;
    else
        for(y=0,i=1;i<=5;i++) y+=i*i*x+5;
    return y;
}
```

6．什么是结构化程序设计？在结构化程序中有哪3种基本控制结构？

为了克服软件危机，使程序具有合理、清晰的结构，提高程序的可读性，以便对程序进行可靠性评价，需要制定一套程序设计方法，保证程序的可维护性。这种方法就是结构化程序设计（Structured Programming）。结构化程序设计方法规定程序由3种基本结构构成。

（1）顺序结构：各个操作（如语句）执行按书写顺序从上到下依次执行。

（2）分支结构：根据指定的条件结果为真或假，在两条分支路径中选取其中一条路径执行，另一条路径不执行。

（3）循环结构：根据给定可满足的条件，反复执行操作，直至条件不满足终止。

7．什么是模块化程序设计？在C程序中是如何体现模块化特性的？

为了使程序（软件系统）便于分工协作开发、调试和维护以及扩充，把一个大程序分成较小且彼此相对独立的模块。这些模块都有相对独立、单一的功能，且只有一个入口和最多只有一个出口。显然，具有相同的功能、入口和出口的任意模块可以相互替换，且不影响整个程序和其他模块。模块化程序设计（Modular Programming）就是围绕特定功能程序指令集合及集合间联系的设计方法。C语言不仅是结构化程序设计语言，而且是模块化程序设计语言，其模块体现在函数上，因此用C语言进行程序设计就是利用C语言及其语法规范定义函数和确定函数调用的过程。

8．采用结构化和模块化程序设计各有什么优点？

模块化程序设计实现软件系统的集成，提高模块复用和软件开发效率，并且方便软件系统维护。结构化程序设计实现软件模块，采用顺序、分支和循环3种结构，实现复杂的语句执行流程。结构化程序设计中避免采用goto转向语句，因其容易导致程序执行顺序不清晰和算法表达错误，所以不利于程序错误的发现和纠正，最终导致软件质量下降、维护成本上升，即导致低质量，高成本的软件危机。

9．叙述软件开发过程。

软件开发大体包括3个过程。

（1）问题分析。确定需要求解问题的任务，并采用"自顶向下，逐级细化"的分解方法，进一步把问题（或任务）划分成一系列的子问题（也称子任务）。在后续软件实现上，每个任务、子任务对应程序的一个功能模块。这个过程对应C语言模块化程序设计，而且C语言程序至少有一个功能模块。

（2）确定算法。对每个任务和子任务的形式化表示，研究一种求解算法，包括确定算法的输入数据（用变量表示）、输出数据（用变量表示）和问题求解过程。这个过程对应C语言的结构化程序设计。

（3）程序实现。在模块化程序设计和结构化程序设计基础上，采用某种计算机语言（如 C、FORTRAN、Java 等）进行编码，完成程序设计。

10．叙述 C 语言上机实践过程。

C 语言作为计算机高级语言之一，通过平台工具软件和操作系统实现程序处理，其程序处理过程主要包括 4 步（如下图所示）。

（1）编辑。编辑软件也称编辑器，如 Windows 记事本、书写器等。用编辑软件编辑程序，并以文本文件形式保存在计算机磁盘中，称为源程序文件（也称 ASCII 文件）。C 源程序文件的扩展名为.c。

（2）编译。编译软件也称编译器。通过编译器将源程序翻译成二进制目标代码程序（即目标程序）。目标程序保存在计算机磁盘中称为目标程序文件，其扩展名为.obj。

（3）链接。链接软件也称链接器。链接器把多个目标程序和系统提供的标准库函数模块等进行统一编址定位，形成一个总的目标程序（即可执行程序）。可执行程序保留在磁盘中称为可执行程序文件，其扩展名为.exe。

（4）运行。可执行程序可在操作系统环境中直接运行。如果在执行程序后达到预期目的，那么 C 程序的开发工作就完成了，否则重复"编辑—编译—链接—运行"的过程，直到程序取得预期结果为止。

11．C 语言主要有哪些特点？

（1）面向问题的函数型语言，每个函数为一个功能模块，采用模块化程序设计方法构成源程序文件。

（2）采用结构化程序设计方法构造函数体，实现函数功能。

（3）书写灵活，以分号和花括号为分隔符，可以随意排列语句。大小写英文字母有区别，但均能接受，可写出可读性好的标识符，用于命名变量、数组及函数等。

（4）采用 87 ANSI C 标准，没有依赖于具体机型的语句，确保了程序的可移植性。

（5）丰富的数据类型方便描述问题，丰富的运算符又方便对数据实施操作，提高处理问题的能力。

（6）具有编译预处理功能，提高程序设计的灵活性。

（7）能进行位操作和访问物理地址以及调用操作系统的中断服务程序等，实现汇编语言的大部分功能，不仅适用于编写应用软件，而且适用于开发系统软件。

（8）目标代码质量高，程序执行速度快。

12．学习计算机语言和程序设计对人的思维有什么影响？

随着计算机应用的普及，有关层次结构知识体系的教学内容、教学方法和教学手段等也在不断更新和发展。在"计算机软件技术基础"中，主要包含问题描述和问题求解，涉及计算机的数据表示、数据存储和数据操作以及数据处理（算法）。通过计算机高级语言及其程序设计的学习，达到理解、掌握"计算机软件技术基础"的核心内涵。计算思维的核心为问题形式化表示、数据结构和算法设计、程序实现。C 语言教学可作为载体，对学生进行具有直观感受的计算思维培养教育。

第2章

C 语言基础

习题 2 解答

一、叙述题

1．标识符、标识符的作用。

C 语言定义了大写英文字母、小写英文字母、数字字符和下画线字符为字符集用于定义标识符。标识符是以英文字母或下画线开头的若干英文字母、数字、下画线构成的符号串，用于标识（即命名）变量、符号常量、数组及函数等。

2．数据、常量、变量、表达式、运算数。

客观世界中的客观事物可以抽象为信息世界中（即人脑中）的信息。这些信息可以借助媒介（如计算机）进行表示和记录，即事物↔信息↔记录，这些记录就是数据。简单说，数据是信息的载体，信息可从数据中抽取。同一种信息（如成绩）可以由多种数据表示（如百分制、等级制），同一个数据（如整数）可以表示多种信息（如价格、成绩）。从数据中进行信息抽取必须依赖于客观世界。

常量为不可改变的数，分为常数和符号常量，其中符号常量是用标识符标识（命名）的常量。常量在内存程序区中。

变量为可变的数，变量必须通过命名（即变量名）才能对其进行访问（操作），包括取值和赋值。变量在内存数据区中。变量受到对应数据单元大小和编码的限制，变量取值是有上下限和精度限制的，这不同于数学中的变量。

表达式是由常量、变量和运算符（操作符）构成的符合 C 语言语法规范的式子，表示通过运算符对常量、变量的加工处理及其结果。

运算数（操作数）是可参加运算的数据，包括常量、变量和表达式。

3．数据类型、整型、浮点型、字符型。

数据类型是具有相同特性的数据集合（或称抽象表示），即属于同一类数据类型的数据具有相同特性，反之，数据类型规定了一类数据特性。数据类型分为基本数据类型和构造数据类型，基本数据类型包括整型、浮点型和字符型；构造数据类型包括数组、指针、结构体、共用体和文件类型等。

整型规定了整数特性，分为有符号整型和无符号整型，还有短整型、长整型。各种整型数据在内存中按补码形式表示和存储。常整数可用十进制、八进制（0 开头）和十六进制（0x 开头）表示。

浮点型规定了实数特性，分为单精度和双精度。各种浮点型数据在内存中采用尾数、指数编码表示和存储。常浮点数可采用日常计数和指数计数（e、E 表示 10 的指数）表示。

字符型规定了字符数据特性，可分有符号字符型和无符号字符型，各种字符型数据在内存中按其 ASCII 码的二进制形式表示和存储。这与整型数据一致，因此在取值有效范围内（0~255），字符型数据和整型数据是等价的。

4．运算、运算符。

运算也称操作，表示对运算数的加工处理；运算符是表示运算的标识符。运算和运算符如同变量和变量名的关系。

5．函数、程序构成。

C 语言的函数是模块化程序设计中完成特定功能模块的具体体现，C 语言函数不同于数学函数，可以没有返回值。C 语言程序体现在函数定义和调用上，通过函数调用组合构建更强大的软件功能，此外，还有编译预处理命令和全局变量构成的程序。

6．变量的属性。

变量是内存数据单元在程序中的体现，即变量和内存数据单元是一一对应的。从内存数据单元的角度出发，要求变量具有的属性包括：数据类型（即数据精度、取值范围、数据单元大小）、生存期（即动态、静态）和存储别（即在程序中的有效范围）。

7．预处理命令。

C 语言程序编译前需要进行编译预处理，在程序中通过编译预处理命令明确指明。这在模块化程序设计中具有重要的作用。编译预处理命令在程序中以"#"开头，包括文件包含 include、条件编译 if 和宏定义 define（宏替换）。

8．在学习运算符时，需要掌握运算符的什么要点？

运算符是运算功能的表示，其与运算数构成符合语法规则的表达式。对于运算符，需要掌握运算符关键字、运算数类型、运算数个数、运算优先级和结合性（从左到右或从右到左的运算顺序）。

9．按照优先级从高到低的顺序，总结本章所学到的运算符。

算术、关系（即比较）和逻辑运算符优先级基本上与数学的运算符一致，即算术运算符优先级高于关系运算符，关系运算符优先级高于逻辑运算符，即经过算术运算后得到数值才能进行比较，比较得到"真""假"后，逻辑数据才能进行逻辑运算，但 C 语言逻辑非运算优先级最高。运算有结果才能赋值，赋值运算符优先级较低。逗号运算符只是把多个表达式连接起来，其优先级最低，而圆括号的优先级最高。同一类运算符的优先级与数学中运算符的优先级基本一致。

10．表达式和语句有什么不同？

表达式是由运算数和运算符构成的符合 C 语言语法规范的式子，表示对运算数的加工和处理，其具有所示数据类型和值，可称为运算数。语句是 C 语言编译和执行的单位，并且完成问题求解过程，其分号（；）为语句分隔符。表达式语句由表达式后加分号构成，这样才能完成启动运算符表示的运算功能。简单说，表达式是功能的表示，语句是功能的执行。

11．为什么 C 语言程序设计中"变量必须先定义后使用（访问）"？

C 语言是强数据类型语言，也就是程序中变量所对应内存数据单元的大小在程序运行期间是不可变的。程序中的变量先定义，在编译系统对程序进行编译时，即可根据其数据类型确定相应数据单元大小。通过链接确保程序运行时数据单元的具体位置。这样在程序运行期间，计算机系统就无须更多维护数据单元大小的各种开销，从而提高程序运行效率。总之，变量先定义后使用的根本原因在于 C 语言是强数据类型语言。

二、判断题

1．判断下面标识符的合法性（正确√，错误×）：

a.b×	Data_base√	arr()×	x−y×	_1_a√	$dollar×	_Max√
fun(x)×	3abc×	Y3√	No:×	(Y/N)?×	J.Smith	a[1]×
Yes/No×	ox123√	0x123×	x=y×	a+b−2×	_1_2_3√	funx√

2．判断下面常量合法性（正确√，错误×）：

'Abc'×	2^4×	−0x123√	10e×	077√	088×	\n'×	"A"√
+2.0√	0xab√	10e−2√	0xef	\'111'	"x/y"√	π	\ff'
35C×	'?'√	e3×	−085×	xff×	\aaa'√	10:50	"#"√

3．　√　　−85√　　ff×　　'\xab'√　　"10:50"√　　'\\'√　　"\\"√　　'\t'√

三、填空题

1．整数 10 和−10，其所属不同整型在内存数据单元中的存储形式，然后把存储形式转换为八进制数和十六进制数，编程验证正确性。

数据类型	10	−10
int	0000 0000　0000 1010	1111 1111　1111 0110
short int	0000 0000　0000 1010	1111 1111　1111 0110
long int	0000 0000　0000 0000 0000 0000　0000 1010	1111 1111　1111 1111 1111 1111　1111 0110
unsigned int	0000 0000　0000 1010	1111 1111　1111 0110
unsigned short	0000 0000　0000 1010	1111 1111　1111 0110
unsigned long	0000 0000　0000 0000 0000 0000　0000 1010	1111 1111　1111 1111 1111 1111　1111 0110

数据类型	10	−10	10	−10
int	12	177766	a	fff6
short int	12	177766	a	fff6
long int	12	37777777766	a	ffff fff6
unsigned int	12	177766	a	fff6
unsigned short	12	177766	a	fff6
unsigned long	12	37777777766	a	ffff fff6

```c
#include "stdio.h"
void main()
{
    int i; short int si; long int li; unsigned int ui; unsigned short us;
        unsigned long ul;
    i=si=li=ui=us=ul=10;
    printf("%o %o  %o %o  %o %o\n", i,si,li,ui,us,ul); //输出八进制数
    i=si=li=ui=us=ul=-10;
```

```
        printf("%o %o  %o %o  %o %o\n", i,si,li,ui,us,ul); //输出八进制数
        i=si=li=ui=us=ul=10;
        printf("%x %x  %x %x  %x %x\n", i,si,li,ui,us,ul); //输出十六进制数
        i=si=li=ui=us=ul=-10;
        printf("%x %x  %x %x  %x %x\n", i,si,li,ui,us,ul); //输出十六进制数
    }
```

2．(a=5)&&a++||a/2%2，表达式的值为____1____，a 值为____6____。

3．定义 int x=10,y,z;执行 y=z=x;x=y==z;后，变量 x 的值为____1____。

4．以下运算符中优先级最低的运算符为____D____，优先级最高的为____B____。
　　A．&&　　　　B．!　　　　　C．!=　　　　D．||　　　　E．>=　　　　F．==

5．若 w=1,x=2,y=3,z=4，则条件表达式 w<x?w:y<z?y:z 的结果为____D____。
　　A．4　　　　B．3　　　　C．2　　　　D．1

6．根据题意写出表达式。
　　（1）设 n 是一个正整数，则判断 n 是偶数的表达式为____n%2==0____。
　　（2）设 a、b 是实数，则判断 a、b 同号的表达式为____a*b>=0____。
　　（3）设 a、b、c 分别是一个三角形的三条边，则判断直角三角形、等边三角形和等腰三角形的条件分别为 a*a==b*b+c*c||b*b==a*a+c*c||c*c==b*b+a*a （直角三角形）；a==b==c （等边三角形）；a==b||a==c||b==c （等腰三角形）。

四、求表达式的值

已知 int a=10,b=2;　float c=5.8;

1．a+'a'-100*b%(int)c　　　　　____107____

　　a+++b++-a---b--　　　　　　____0____

　　b++%a++*(int)c　　　　　　____10____

2．a>b-4*c!=5　　　　　　　　____1____

　　c<=a%2>=0　　　　　　　　____1____

3．a&&b||c-6　　　　　　　　　____1____

　　c-6&&a+b　　　　　　　　　____1____

　　!c+a&&b　　　　　　　　　　____1____

4．a>b%3?a+b:a-b　　　　　　　____12____

　　a>b?a>c?a:c:b?c>c?c:b　　　　____10____

五、写出程序的运行结果

1．

```
int main()
{
    int x=2,y=0,z;
    x*=3+2;
    printf("%d\n",x);          //____10____
    x*=y=z=4;
    printf("%d",x);            //____40____
}
```

2.

```c
int main()
{
    float x;  int i;
    x=3.6;  i=(int)x;
    printf("x=%f,i=%d",x,i);        //___x=3.600000,i=3___
}
```

3.

```c
int main()
{
    int a=2;
    a=4-1;
    printf("%d, ",a);
    a+=a*=a-=a*=3;
    printf("%d",a);                 //___3,0___
}
```

4.

```c
int main()
{
    int x=02,y=3;
    printf("x=%d,y=%d",x,y);        //___x=2,y=3___
}
```

5.

```c
int main()
{
    char c1='6', c2='0';
    printf("%c,%c,%d,%d\n",c1,c2,c1-c2,c1+c2);  //___6,0,6,102___
}
```

6.

```c
int main()
{
    int x,y,z;
    x=y=1;  z=++x-1;
    printf("%d,%d\n",x,z);          //___2,1___
    z+=y++;
    printf("%d,%d\n",y,z);          //___2,2___
}
```

第 3 章

结构化程序设计

习题 3 解答

一、顺序程序设计

1. 将华氏温度转换为摄氏温度和热力学温度，其转换关系为

$$c = \frac{5}{9}(f-32) \qquad \text{（摄氏温度）}$$

$$k = 273.16 + c \qquad \text{（热力学温度）}$$

```c
#include "stdio.h"
void main()
{
    float f,c,k;
    scanf("%f",&f);
    c=5.0/9*(f-32);
    k=273.16+c;
    printf("f=%f,c=%f,k=%f\n",f,c,k);
}
```

2. 将极坐标(r,θ)（θ 的单位为度）转换为直角坐标(x, y)，其转换关系为

$$x = r\cos\theta$$

$$y = r\sin\theta$$

```c
#include "stdio.h"
#include "math.h"
#define PI 3.14159
void main()
{
    float x,y,r,d;
    scanf("%f%f",&r,&d);
    d=PI/180*d;                //度转换为弧度
    x=r*cos(d);
    y=r*sin(d);
    printf("x=%f,y=%f\n",x,y);
}
```

3. 求任意 4 个实数的平均值、平方和、平方和开方。

```c
#include "stdio.h"
#include "math.h"
void main()
{
    float x,y,z,w,m,s,sr;
    scanf("%f%f%f%f",&x,&y,&z,&w);
    m=(x+y+z+w)/4;                      //均值
    s=x*x+y*y+z*z+w*w;                  //平方和
    sr=sqrt(s);                        //平方和开方
    printf("means=%f,sum=%f,sqrt=%f\n",m,s,sr);
}
```

二、分支程序设计

1. break 语句与 switch 语句配合使用，起到什么作用？

switch 语句是条件转向语句，即转向满足条件的 case 语句后依次执行其后所有语句，这样不能实现多分支功能。break 语句为无条件跳转语句，其在 switch 语句中的跳转位置为 switch 语句外，即跳出 switch 语句。两个语句配合使用，可以起到实现多分支的功能。

2. 用程序实现如下函数。

$$y = \begin{cases} \dfrac{\sin(x) + \cos(x)}{2}, & x \geq 0 \\ \dfrac{\sin(x) - \cos(x)}{2}, & x < 0 \end{cases}$$

```c
#include "stdio.h"
#include "math.h"
void main()
{
    float x,y,x1,x2;
    scanf("%f",&x);
    x1=sin(x)/2;
    x2=cos(x)/2;
    if(0<= x)  y=x1+x2;
    else y=x1-x2;
    printf("x=%f,y=%f\n",x,y);
}
```

3. 字符判断、转换输出：小写英文字母转换为大写英文字母输出；大写英文字母转换为小写英文字母输出；数字字符不变输出；其他字符输出"other"。

```c
#include "stdio.h"
void main()
{
    char c;
    scanf("%c",&c);
    if('a'<=c&&c<='z') printf("%c=>%c\n",c,c-32);
    else if('A'<=c&&c<='Z') printf("%c=>%c\n",c,c+32);;
```

```
    else printf("%c=>%c\n",c,c);
}
```

4. 已知 3 个数 a、b、c 由键盘输入，输出其中最大的数。

```
#include "stdio.h"
void main()
{
    float a,b,c,max;
    scanf("%f%f%f",&a,&b,&c);
    max=a;
    if(max<=b) max=b;
    if(max<=c) max=c;
    printf("max=%f\n",max);
}
```

5. 已知 4 个数 a、b、c、d 由键盘输入，将 4 个数由小到大排序输出。

```
#include "stdio.h"
void main()
{
    float a,b,c,d,t;
    scanf("%f%f%f%f",&a,&b,&c,&d);
    if(a>b) {t=a; a=b; b=t;}
    if(a>c) {t=a; a=c; c=t;}
    if(a>d) {t=a; a=d; d=t;}
    if(b>c) {t=b; b=c; c=t;}
    if(b>d) {t=b; b=d; d=t;}
    if(c>d) {t=c; c=d; d=t;}
    printf("%f, %f, %f, %f\n",a,b,c,d);
}
```

6. 将百分制成绩转换为成绩等级：90 分及以上为 A，80～89 分为 B，70～79 分为 C，60～69 分为 D，60 分以下为 E。

```
#include "stdio.h"
void main()
{
    int score,grade='A';
    scanf("%d",&score);
    score/=10;
    if(score<=5) grade='E';
    else if(score<=9) grade+=9-score;
    printf("Grade=%c \n",grade);
}
```

三、循环程序设计

1. 循环程序大概由哪几部分组成？

循环程序由 4 部分组成：有关变量（包括循环控制变量）初始化、循环条件、循环反复求解部分和循环条件变化。

2．goto 语句与 if 语句在实现循环过程中有什么优缺点？

由 goto 语句和 if 语句可构成循环及多层循环嵌套，可以实现不同层次循环间的跳转，具有高效的特点，但易导致程序走向混乱不清晰和可读性差、维护性差。

3．break 语句与 continue 语句在循环语句中的作用是什么？

这两个语句都是无条件转向语句。在循环语句中，break 语句跳出循环外，终止整个循环；continue 语句终止当前次循环，提前进入下一次循环，不终止整个循环。

4．从跳转位置看，goto 语句、break 语句、continue 语句有什么不同？在循环嵌套中的应用有什么不同？

这 3 个语句都是无条件转向语句。goto 语句跳转到语句标号指定的位置；而 break 语句跳转到当前循环外，即终止当前循环；continue 语句终止当前次循环，提前进入下一次循环。goto 语句可实现不同层次循环间的跳转，具有高效性，但可读性差。在循环语句内，采用 break 和 continue 语句程序更清晰，可读性好，但在多重循环中需要多层循环，跳转效率低。goto 语句需要与语句标号联合使用，而 break 和 continue 语句无须语句标号，即有默认的跳转位置。

5．求数列 $1^2, 2^2, 3^2, \cdots, 20^2$ 的和。用 3 种循环语句分别实现。

```c
#include "stdio.h"
void main()
{
    int sum,i;
    for(sum=0,i=1;i<=20;i++) sum+=i*10+2;
    printf("Sum=%d \n",sum);
}
#include "stdio.h"
void main()
{
    int sum=0,i=1;
    while(i<=20) sum+=i++*10+2;
    printf("Sum=%d \n",sum);
}
#include "stdio.h"
void main()
{
    int sum=0,i=1;
    do
        sum+=i++*10+2;
    while(i<=20);
    printf("Sum=%d \n",sum);
}
```

6．求两个整数的最大公约数和最小公倍数。

```c
#include "stdio.h"
void main()
{
    int a,b,c,t;
    scanf("%d%d",&a,&b);
```

```
            t=a*b;
            if(a<b){a=a+b;b=a-b;a=a-b;}        //交换变量值
            while(c=a%b) { a=b; b=c; }         //辗转相除法
            printf("最大公约数=%d,最小公倍数=%d \n",b,t/b);
        }
        #include "stdio.h"
        void main()
        {
            int a,b,c,t,r=1;
            float d;
            scanf("%d%d",&a,&b);
            t=a*b;
            d=b;
            if(a<b) d=a;
            for(c=2;c<d;c++)                    //枚举法
                if(a%c==0&&b%c==0) r=c;
            printf("最大公约数=%d,最小公倍数=%d \n",r,t/r);
        }
```

7. 水仙花数是指一个三位数的各位数字的立方和等于该数本身，如水仙花数 $153=1^3+5^3+3^3$。求所有水仙花数。

```
        #include "stdio.h"
        void main()
        {
            int a,b,c;
            for(a=1;a<=9;a++)                   //百位数字
                for(b=0;b<=9;b++)               //十位数字
                    for(c=0;c<=9;c++)           //个位数字
                        if(a*100+b*10+c==a*a*a+b*b*b+c*c*c)
                            printf("%d\n", a*100+b*10+c);
        }
        #include "stdio.h"
        void main()
        {
            int a,b,c,i;
            for(i=100;i<=999;i++)
            {
                a=i/100;                        //百位数字
                b=i%100/10;                     //十位数字
                c=i%10;                         //个位数字
                if(i==a*a*a+b*b*b+c*c*c)  printf("%d\n", i);
            }
        }
```

8. 求和。

$$s_n = \frac{1}{1} + \frac{1}{1+2} + \frac{1}{1+2+3} + \cdots + \frac{1}{1+2+3+\cdots+n}$$

```
#include "stdio.h"
void main()
{
    int i,n,sn1=0;
    float sn=0;
    scanf("%d",&n);
    for(i=1;i<=n;i++)
    {
        sn1+=i;                //分母累加，当前分母
        sn+=1.0/sn1;           //分数累加，注意：不可1/sn1
    }
    printf("Sn=%f\n", sn);
}
```

9. 求方程 $3x+5y+7z=100$ 的所有非负整数解。

```
#include "stdio.h"
void main()
{
    int x,y,z;
    for(x=0;x<=33;x++)
        for(y=0;y<=20;y++)
            for(z=0;z<15;z++)
                if(3*x+5*y+7*z==100)
                    printf("x=%d,y=%d,z=%d\n", x,y,z);
}
```

10. 打印如下英文字母组成的阵列。

A
B B
C C C
D D D D
E E E E E
F F F F F F

```
#include "stdio.h"
void main()
{
    int i,j,n,c='A';
    scanf("%d",&n);
    for(i=0;i<n;i++)
    {
        for(j=0;j<=i;j++) printf("%c", c);
        printf("\n");
        c++;
    }
}
```

11．求正整数的所有位数之和。

```c
#include "stdio.h"
void main()
{
    int n,sum=0;
    scanf("%d",&n);
    while(n)
    {
        sum+=n%10;          //取得位数字
        n/=10;              //去掉个位数字
    }
    printf("Sum=%d\n",sum);
}
```

12．求正整数的所有质数。

```c
#include "stdio.h"
#include "math.h"
#define TRUE 1
#define FALSE 0
void main()
{
    int i,j,n,d,isprime;
    scanf("%d",&n);
    for(j=2;j<=n;j++)           //所有素数
    {
        d=sqrt(j);
        isprime=TRUE;
        for(i=2;i<=d;i++)       //判断是否素数
        {
            if(j%i==0)
            {
                isprime=FALSE;
                break;
            }
        }
        if(isprime) printf("%d\n", j);
    }
}
```

第4章

构造类型数据（一）

习题4解答

1. 基本概念解释：批量数据存储方式、数组、下标、指针、指针变量。

形式上离散的若干数据在程序中采用若干变量表示，每个变量的内存数据单元也是相互独立的，也就是程序中变量是没有关联关系的，内存数据单元也就没有关联关系，导致难于用循环结构处理。形式上连续的若干数据在程序中采用若干具有关联关系的变量表示，即数组或链表，每个变量的内存数据单元相互之间具有关联关系，即通过访问当前变量即可访问关联的其他变量。批量数据采用独立的若干变量；这样不具灵活性，因此采用具有关联关系的若干变量（数组或链表）表示和存储，这样就可以采用循环结构处理。

数组是有序变量的集合，每个变量对应的数据单元在内存中是顺序存储的，程序中采用数组名和下标组合形式表示数组元素。为了方便描述问题和存储数据，数组又分为一维数组和多维数组。定义数组需要指明数组的维数和每一维长度。在访问数组元素时需要指明每一维的位置，这个位置就是数组的下标。数组每一维的下标都是从0开始的，其上限为数组长度减1。

程序中的变量对应内存中的数据单元。每个数据单元由连续若干字节构成，而首字节的地址为数据单元的首地址，这个内存中的首地址在程序中称为变量的指针。由于C语言是高级语言，程序设计中不关注指针值，因此借助取地址运算符"&"与变量名一起表示变量指针。

变量的指针是一种数据，即指针类型的数据，可以定义指针类型的变量保留该数据，即指针变量保留指针，如同整型变量保留整数一样。

2. 在一维数组中找出最大的数，并与第一个数交换，然后输出数组中所有的元素。分别用数组下标法、指针法处理。

```
//数组下标法
#include "stdio.h"
void main()
{
    int i,locmax,arr[10];
    for(i=0;i<10;i++)scanf("%d",&arr[i]);
    locmax=0;
    for(i=1;i<10;i++)
        if(arr[i]>arr[locmax]) locmax=i;
    if(locmax!=0)                        //数据交换
```

```
    {
        arr[0]=arr[0]+arr[locmax];
        arr[locmax]=arr[0]-arr[locmax];
        arr[0]=arr[0]-arr[locmax];
    }
    for(i=0;i<10;i++) printf("%d",arr[i]);
}
//指针法
#include "stdio.h"
void main()
{
    int *i,*locmax,arr[10];
    for(i=arr;i<arr+10;i++) scanf("%d",i);
    locmax=arr;
    for(i=arr+1;i<arr+10;i++)
        if(*i>*locmax) locmax=i;
    if(locmax!=arr)                    //数据交换
    {
        *arr=*arr+*locmax;
        *locmax=*arr-*locmax;
        *arr=*arr-*locmax;
    }
    for(i=arr;i<arr+10;i++)printf("%d ",*i);
}
```

3. 对一维数组元素逆序存放，然后输出数组元素。分别用数组下标法、指针法处理。

```
//数组下标法
#include "stdio.h"
#define N 50
void main()
{
    int i,j,n,arr[N];
    scanf("%d",&n);
    for(i=0;i<n;i++)scanf("%d",&arr[i]);
    for(i=0,j=n-1; i<j; i++,j--)              //数据交换
    {
        arr[i]=arr[i]+arr[j];
        arr[j]=arr[i]-arr[j];
        arr[i]=arr[i]-arr[j];
    }
    for(i=0;i<n;i++) printf("%d  ",arr[i]);
}
//指针法
#include "stdio.h"
#define N 50
void main()
{
```

```
    int *i,*j,n,arr[N];
    scanf("%d",&n);
    for(i=arr;i<arr+n;i++) scanf("%d",i);
    for(i=arr,j=arr+n-1;i<j;i++,j--)            //数据交换
    {
        *i=*i+*j;
        *j=*i-*j;
        *i=*i-*j;
    }
    for(i=arr;i<arr+n;i++) printf("%d ",*i);
}
```

4. 已知数组中若干整数从小到大排序，现插入一个数后，保持数组的顺序不变。分别用数组下标法、指针法处理。

```
//数组下标法
#include "stdio.h"
#define N 50
void main()
{
    int i,j,n,arr[N],a;
    scanf("%d",&n);
    for(i=0;i<n;i++)scanf("%d",&arr[i]);
    scanf("%d",&a);
    for(i=0; i<n&&arr[i]<a; i++);           //确定位置
    for(j=n;j>i;j--) arr[j]=arr[j-1];       //后移元素
    arr[i]=a;                               //插入元素
    for(i=0;i<n+1;i++) printf("%d ",arr[i]);
}
//指针法
#include "stdio.h"
#define N 50
void main()
{
    int *i,*j,n,arr[N],a;
    scanf("%d",&n);
    for(i=arr;i<arr+n;i++)scanf("%d",i);
    scanf("%d",&a);
    for(i=arr; i<arr+n&&*i<a; i++);         //确定位置
    for(j=arr+n;j>i;j--) *j=*(j-1);         //后移元素
    *i=a;                                   //插入元素
    for(i=arr+0;i<arr+n+1;i++) printf("%d ",*i);
}
```

5. 已知两个数组元素均从小到大排序，合并两个数组后，仍保持新数组的元素有序性不变。分别用数组下标法、指针法处理。

```
//数组下标法
#include "stdio.h"
```

```
#define N1 20
#define N2 30
#define N 50
void main()
{
    int i1,i2,i,j,n1,n2,n,a[N1],b[N2],c[N];
    scanf("%d",&n1);
    for(i=0;i<n1;i++)scanf("%d",&a[i]);
    scanf("%d",&n2);
    for(i=0;i<n2;i++)scanf("%d",&b[i]);
    n=n1+n2;
    i1=0;
    i2=0;
    for(i=0; i<n; i++)                        //确定位置
    {
        if(i1==n1||i2==n2) break;            //至少有一个结束
        if(a[i1]<b[i2]) c[i]=a[i1++];        //小的复制，然后后移下标
        else c[i]=b[i2++];
    }
    if(i1==n1)                               //第一个数组元素少
        for(;i<n&&i2<n2;i++) c[i]=b[i2++];   //复制第二个数组
    else
        for(;i<n&&i1<n1;i++) c[i]=a[i1++];   //复制第一个数组
    for(i=0;i<n; i++) printf("%d  ",c[i]);
}
//指针法
#include "stdio.h"
#define N1 20
#define N2 30
#define N 50
void main()
{
    int *i1,*i2,*i,*j,n1,n2,n,a[N1],b[N2],c[N];
    scanf("%d",&n1);
    for(i=a;i<a+n1;i++)scanf("%d",i);
    scanf("%d",&n2);
    for(i=b;i<b+n2;i++)scanf("%d",i);
    n=n1+n2;
    i1=a;
    i2=b;
    for(i=c; i<c+n; i++)                      //确定位置
    {
        if(i1==a+n1||i2==b+n2) break;        //至少有一个结束
        if(*i1<*i2) *i=*i1++;                //小的复制，然后后移下标
        else *i=*i2++;
    }
    if(i1==a+n1)                             //第一个数组元素少
```

```
            for(;i<c+n&&i2<b+n2;i++) *i=*i2++;   //复制第二个数组
        else
            for(;i<c+n&&i1<a+n1;i++) *i=*i1++;   //复制第一个数组
        for(i=c;i<c+n; i++) printf("%d ",*i);
    }
```

6. 用选择法对一维数组元素按照从大到小排序。分别用数组下标法、指针法处理。

```
//数组下标法
#include "stdio.h"
#define N 50
void main()
{
    int i,j,r,n,arr[N];
    scanf("%d",&n);
    for(i=0;i<n;i++) scanf("%d",&arr[i]);
    for(i=0; i<n; i++)
    {
        for(r=i,j=i+1; j<n; j++)
            if(arr[r]<arr[j]) r=j;          //改正当前最大位置
        if(r!=i)                            //当前最大位置改变了
        {
            arr[i]=arr[i]+arr[r];           //交换数值
            arr[r]=arr[i]-arr[r];
            arr[i]=arr[i]-arr[r];
        }
    }
    for(i=0;i<n;i++) printf("%d ",arr[i]);
}
//指针法
#include "stdio.h"
#define N 50
void main()
{
    int *i,*j,*r,n,arr[N];
    scanf("%d",&n);
    for(i=arr;i<arr+n;i++) scanf("%d",i);
    for(i=arr; i<arr+n; i++)
    {
        for(r=i,j=i+1; j<arr+n; j++)
            if(*r<*j) r=j;                  //改正当前最大位置
        if(r!=i)                            //当前最大位置改变了
        {
            *i=*i+*r;                       //交换数值
            *r=*i-*r;
            *i=*i-*r;
        }
    }
```

```
    for(i=arr;i<arr+n;i++) printf("%d  ",*i);
}
```

7. 对同一个 4×4 二维数组进行转置，分别用数组下标法、指针法处理。

$$
\text{转置前：}
\begin{pmatrix}
1 & 2 & 3 & 4 \\
5 & 6 & 7 & 8 \\
9 & 10 & 11 & 12 \\
13 & 14 & 15 & 16
\end{pmatrix}
\qquad
\text{转置后：}
\begin{pmatrix}
1 & 5 & 9 & 13 \\
2 & 6 & 10 & 14 \\
3 & 7 & 11 & 15 \\
4 & 8 & 12 & 16
\end{pmatrix}
$$

```c
//数组下标法
#include "stdio.h"
#define N 50
void main()
{
    int i,j,t,n,arr[N][N];
    scanf("%d",&n);
    for(i=0;i<n;i++)
        for(j=0;j<n;j++) scanf("%d",*(arr+i)+j);
    for(i=0; i<n; i++)
        for(j=i+1; j<n; j++)
        {
            t=arr[i][j];                           //交换数值
            arr[i][j]=arr[j][i];
            arr[j][i]=t;
        }
    for(i=0;i<n;i++)
    {
        for(j=0;j<n;j++) printf("%d  ",arr[i][j]); //输出行
        printf("\n");                              //换行
    }
}
//指针法
#include "stdio.h"
#define N 50
void main()
{
    int i,j,t,n,arr[N][N];
    scanf("%d",&n);
    for(i=0;i< n;i++)
    for(j=0;j<n;j++) scanf("%d",&arr[i][j]);
    for(i=0;i< n;i++)
        for(j=i+1; j<n; j++)
        {
            t=*(*(arr+i)+j);                       //交换数值
            *(*(arr+i)+j)=*(*(arr+j)+i);
            *(*(arr+j)+i)=t;
        }
```

```
for(i=0;i<n;i++)
{
    for(j=0;j<n;j++) printf("%d  ", *(*(arr+i)+j)); //输出行
    printf("\n");                                    //换行
}
}
```

8．从键盘输入一个字符串，统计其中英文字母、数字、空格的个数。分别用数组下标法、指针法处理。

```
//数组下标法
#include "stdio.h"
#define N 200
void main()
{
    int i,c=0,d=0,sp=0,oth=0;
    char s[N];
    gets(s);
    for(i=0; s[i]; i++)
        if((s[i]<='z'&&s[i]>='a')||(s[i]<='Z'&&s[i]>='A'))c++; //英文字母个数
        else if(s[i]<='9'&&s[i]>='0') d++;                      //数字个数
        else if(s[i]==' ') sp++;                                //空格个数
        else oth++;                                             //其他字符个数
    printf("英文字母=%d,数字=%d,空格=%d,其他=%d\n", c,d,sp,oth);
}
//指针法
#include "stdio.h"
#define N 200
void main()
{
    int c=0,d=0,sp=0,oth=0;
    char s[N],*i;
    gets(s);
    for(i=s; *i; i++)
        if((*i<='z'&&'a'<=*i)||(*i<='Z'&&'A'<=*i)) c++; //英文字母个数
        else if(*i<='9'&&'0'<=*i) d++;                   //数字个数
        else if(*i==' ') sp++;                           //空格个数
        else oth++;                                      //其他字符个数
    printf("英文字母=%d,数字=%d,空格=%d,其他=%d\n", c,d,sp,oth);
}
```

9．把一个字符串中的元音英文字母都去掉，然后输出字符串。分别用数组下标法、指针法处理。

```
//数组下标法
#include "stdio.h"
#include "string.h"
#define N 200
```

```c
void main()
{
    int i,j,len;
    char s[N];
    gets(s);
    len=strlen(s);
    i=0;
    while(s[i])
    {
        if(s[i]=='a'||s[i]=='e'||s[i]=='i'||s[i]=='o'||s[i]=='u'||
            s[i]=='A'||s[i]=='E'||s[i]=='I'||s[i]=='O'||s[i]=='U')
        {
            for(j=i;j<len-1;j++) s[j]=s[j+1];
            len--;
            s[len]='\0';
            continue;
        }
        i++;
    }
    puts(s);
}
//指针法
#include "stdio.h"
#include "string.h"
#define N 200
void main()
{
    int len;
    char *i,*j,s[N];
    gets(s);
    len=strlen(s);
    i=s;
    while(*i)
    {
        if(*i=='a'||*i=='e'||*i=='i'||*i=='o'||*i=='u'||
            *i=='A'||*i=='E'||*i=='I'||*i=='O'||*i=='U')
        {
            for(j=i;j<s+len-1;j++) *j=*(j+1);
            len--;
            *j='\0';
            continue;
        }
        i++;
    }
    puts(s);
}
```

10. 用选择法实现对 10 个英文单词按字典中的顺序排序。分别用数组下标法、指针法处理。

```c
//数组下标法
#include "stdio.h"
#include "string.h"
#define N 200
void main()
{
    char i,j,r;
    char s[10][N],temp[N];
    for(i=0;i<10;i++) gets(s[i]);
    for(i=0; i<10; i++)
    {
        for(r=i,j=i+1; j<10; j++)
            if(strcmp(s[r],s[j])>0) r=j;        //改正当前最大位置
        if(r!=i)                                //当前最大位置改变了
        {
            strcpy(temp,s[i]);                  //交换数值
            strcpy(s[i], s[r]);
            strcpy(s[r],temp);
        }
    }
    for(i=0;i<10;i++)
        {puts(s[i]);  putch('\n');}
}
//指针法
#include "stdio.h"
#include "string.h"
#define N 200
void main()
{
    char (*i)[N],(*j)[N],(*r)[N],s[10][N];
    char temp[N];
    for(i=s;i<s+10;i++) gets(i);
    for(i=s; i<s+10; i++)
    {
        for(r=i,j=i+1; j<s+10; j++)
            if(strcmp(*r,*j)>0) r=j;            //改正当前最大位置
        if(r!=i)                                //当前最大位置改变了
        {
            strcpy(temp,*i);                    //交换数值
            strcpy(*i, *r);
            strcpy(*r,temp);
        }
    }
    for(i=s;i<s+10;i++)
        {puts(*i);  putch('\n');}
}
```

第 5 章

构造类型数据（二）

习题 5 解答

1. 阅读程序，给出输出结果。

（1）
```c
#include <stdio.h>
int main()
{
    struct abc{ int a; int b; int c;};
    struct abc s[2]={{1,2,3},{4,5,6}};
    int t;
    t=s[0].a+s[1].b;
    printf("%d \n",t);                          //___6___
    return 0;
}
```

（2）
```c
#include <stdio.h>
int main()
{
    union myun
    {
        struct {int x;  int y;  int z;} u;
        int k;
    } a;
    a.u.x=4;  a.u.y=5;  a.u.z=6;  a.k=7;
    printf("%d\n",a.u.x);                        //___7___
    return 0;
}
```

（3）
```c
#include<stdio.h>
int main()
{
    enum team{my, your=4, his, her=his+10 };
    printf("%d,%d,%d,%d\n",my,your,his,her);     //___0,4,5,15___
    return 0;
}
```

```
    }
(4) #include<stdio.h>
    int main()
    {
        typedef union { float  a; float  b;}Dog;
        Dog dog, *p=&dog;
        p->a=14.28;  p->b=17;
        printf("%5.2f\n", p->a);                    //    17.00
        return 0;
    }
```

2. 输入 10 个分数（按照分子/分母的顺序输入），按分数值从小到大排序。分别用指针法、数组下标法实现。

```
//指针法1
#include <stdio.h>
void main()
{
    struct FS{ int fz; int fm;};
    struct FS *i,*j,*r;
    for(i=fs; i<fs+10; i++) scanf("%d/%d",&i->fz,&i->fm);
    for(i=fs; i<fs+10; i++)
    {
        for(r=i,j=i+1; j<fs+10; j++)
            if((float)j->fz/j->fm>(float)r->fz/r->fm) r=j;
                                    //改正当前最大位置
        if(r!=i)                    //当前最大位置改变了
        {
            temp=*i;                //交换数值
            *i=*r;
            *r=temp;
        }
    }
    for(i=fs;i<fs+10;i++)printf("%d/%d ",i->fz, i->fm);
}
//指针法2
#include <stdio.h>
void main()
{
    struct FS{ int fz; int fm;} fs[10];
    struct FS *index[10],**i,**j,**r,*temp;
    int k;
    for(k=0; k<10; k++)
    {
        index[k]=fs+k;
```

```
        scanf("%d/%d",&index[k]->fz,&index[k]->fm);
    }
    for(i=index; i<index+10; i++)
    {
        for(r=i,j=i+1; j<index+10; j++)
            if((float)(*j)->fz/(*j)->fm > (float)(*r)->fz/(*r)->fm) r=j;
                                        //改正当前最大位置
        if(r!=i)                        //当前最大位置改变了
        {
            temp=*i;                    //交换数值
            *i=*r;
            *r=temp;
        }
    }
    for(k=0;k<10;k++)printf("%d/%d  ",fs[k].fz, fs[k].fm);
    printf("\n");
    for(k=0;k<10;k++)printf("%d/%d  ",index[k]->fz, index[k]->fm);
}
//数组下标法
#include <stdio.h>
void main()
{
    struct FS{ int fz; int fm;} fs[10];
    int index[10],temp;
    int i,j,r;
    for(i=0;i<10;i++)
    {
        scanf("%d/%d",&fs[i].fz,&fs[i].fm);
        index[i]=i;
    }
    for(i=0; i<10; i++)
    {
        for(r=i,j=i+1; j<10; j++)                //改正当前最大位置
            if((float)fs[index[j]].fz/fs[index[j]].fm>(float)fs[index[r]].fz/
                    fs[index[r]].fm) r=j;
        if(r!=i)                        //当前最大位置改变了
        {
            temp=index[i];              //交换数值
            index[i]=index[r];
            index[r]=temp;
        }
    }
    for(i=0;i<10;i++)printf("%d/%d  ",fs[i].fz,fs[i].fm);    //输出原数据
    printf("\n");
```

```
        for(i=0;i<10;i++)printf("%d/%d  ",fs[index[i]].fz,fs[index[i]].fm);
                                                          //输出排序后数据
    }
```

3. 已知共有 8 名学生，输入每名学生的姓名和两门课程的成绩，按总成绩从高到低排序。分数按照分子/分母的顺序输入，按分数值从小到大排序。分别用数组下标法、指针法实现。

```
//数组下标法
#include <stdio.h>
void main()
{
    struct STU
    {
        char name[20];
        int chi,math;
    } stus[8],temp;
    int i,j,r;
    for(i=0;i<8;i++)
        scanf("%s%d/%d",stus[i].name,&stus[i].chi,&stus[i].math);
    for(i=0; i<8; i++)
    {
        for(r=i,j=i+1;j<8;j++)
          if(stus[j].chi+stus[j].math > stus[r].chi+stus[r].math) r=j;
                                                   //改正当前最大位置
        if(r!=i)                                   //当前最大位置改变了
        {
            temp=stus[i];                          //交换数值
            stus[i]= stus[r];
            stus[r]=temp;
        }
    }
    for(i=0;i<8;i++)printf("%s  %d  %d  ", stus[i].name,stus[i].chi,
            stus[i].math);
}
//指针法
#include <stdio.h>
void main()
{
    struct STU
    {
        char name[20];
        int chi,math;
    }stus[8],temp, *i,*j,*r;
    for(i=stus;i<stus+8;i++)
        scanf("%s%d/%d",i->name, &i->chi, &i->math);
```

```
        for(i=stus;i<stus+8;i++)
        {
            for(r=i,j=i+1; j<stus+8; j++)
                if(j->chi + j->math > r->chi+r->math) r=j;  //改正当前最大位置
            if(r!=i)                                          //当前最大位置改变了
            {
                temp=*i;                                      //交换数值
                *i=*r;
                *r=temp;
            }
        }
        for(i=stus;i<stus+8;i++)printf("%s  %d  %d  ", i->name, i->chi, i->math);
    }
```

第6章

模块化程序设计

习题6解答

1. 基本概念解释：函数定义与函数声明、函数调用与函数返回、函数嵌套调用与函数递归调用、函数形参与函数实参、内部函数与外部函数、内/外部函数与函数有效范围、include 预处理命令。

函数定义与函数声明：C 语言是函数型语言，由函数体现模块化的程序设计思想，并表达实现问题求解的功能。函数定义明确了函数名称、函数参数个数及所属数据类型、函数返回值数据类型和函数具体实现（结构化程序设计）。在同一个文件中只能有唯一的函数定义，不同文件可以由同名的函数定义，但必须通过 static 限定有效范围。函数声明主要是指明被调函数的函数名称、参数个数（可省略）及数据类型（可省略）和函数返回值数据类型。函数声明可以不唯一，并且没有函数体，主要是告知主调函数和被调函数的调用形式，可在调用函数的内部声明。

函数调用与函数返回：函数定义是独立的功能模块，主函数通过调用函数建立了函数之间的链接关系，构建软件系统完成更加复杂的功能。C 语言的执行过程是串行的，当主调函数调用被调函数时，主调函数在调用点处（中断点）等待被调函数的返回。被调函数被主调函数调用时，从主调函数转向被调函数，只有被调函数执行结束后返回到主调函数调用点处，主调函数才能继续往下执行，即只有被调函数返回后，主调函数方可继续执行，也就是被调函数必须返回，否则主调函数永久处于等待状态（死机）。若被调函数指明返回值，则被调函数返回时也带回一个值（这与数学函数类似）。

函数嵌套调用与函数递归调用：主调函数调用被调函数，而被调函数又调用其他函数，以此类推就构成了函数嵌套调用。C 语言对函数嵌套调用层次没有限制。若被调函数直接或间接是主调函数，则这样的函数嵌套调用构成直接或间接递归调用。函数递归本质是大问题求解可转化为小问题求解，并且求解过程是一样的。

函数形参与函数实参：除函数体完成实现功能外，函数定义中的函数类型（返回值类型或不返回值）、函数名称、参数个数及其数据类型，实际上这些信息构成了主调函数与被调函数的调用接口，尤其参数和返回值实现了主调函数和被调函数之间的参数数据的传递。在函数调用中，函数参数为实参，即有值的变量、常量或表达式。在函数定义中，函数参数为形参，表达函数被调用时所需参数个数、参数类型，函数形参是动态变量。函数形参与函数实参必须一一对应，包括参数个数、对应位置参数数据类型。在函数调用时，形参接收实参值的拷贝。形参与实参的位置不在同一个数据单元，形参的变化与实参无关。

内部函数与外部函数：软件开发需要分工协作，建立多个源程序文件。若函数在一个文件内，则该函数为内部文件，而相对于其他文件，该函数为外部函数。

内/外部函数与函数有效范围：属于同一个 A 文件的内部函数可以相互调用，其他 B 文件外部函数被声明为 extern，该函数就可以被 A 文件的函数调用。若其他 B 文件外部函数被声明为 static，则该函数就不能被 A 文件的函数调用。内/外部函数是针对多个文件独立编译、链接而言的。

include 预处理命令：在对 A 文件编译前，文件包含可以将其他 B 文件包含到 A 文件中，并形成统一的一个 A 文件再进入编译，因此两个文件的函数都是内部函数，没有外部函数，即都在 A 文件中。

2．有标识符 p、p1、p2、p3、p4、p5、p6、p7，其定义形式如下。解释说明 p、p1、p2、p3、p4、p5、p6、p7 的含义。

```
float p, *p1, *p2[5], (*p3)[5], *p4[3][4], (*p5)[3][4], **p6, (*p7)();
```

p 为浮点型变量；p1 为指向浮点型变量的指针变量；p2 为元素个数为 5 的一维指针数组，其每个元素为指向浮点型变量的指针变量；p3 为指向 5 个浮点型一维数组的指针变量，即指向 5 个浮点型元素的一行；p4 为 3 行 4 列二维指针数组，每个元素是指向浮点型变量的指针变量；p5 是指针变量，其指向 3 行 4 列浮点型二维数组；p6 是指向浮点型指针变量的指针变量，即指向指针变量的指针变量（二级指针）；p7 是指向函数的指针变量，该函数的返回值为浮点型。

3．函数有哪些划分形式？

根据函数来源，可分为系统函数、自定义函数。根据函数参数，可分为有参函数、无参函数。

4．文件包含与编译、链接都可以实现两个文件的联合，它们有什么不同？

文件包含是文件编译预处理，通过文件包含合并成一个统一文件再编译，此时没有内/外函数之分，函数必须唯一。编译、链接是两个独立的文件编译，此时有内/外函数之分。

5．主调函数和被调函数的关系在程序执行过程中是如何体现控制与被控制关系的？

当主调函数调用被调函数时，主调函数处于等待状态，并转向被调函数的执行，直至被调函数执行完毕返回到主调函数，主调函数才从中断处继续往下执行。

6．在函数调用关系中，函数参数可分为哪几种？各有什么特点？

函数参数可分为实参和形参。有关特点参见第 1 题。

7．根据文件中函数的位置，函数有效范围是什么？

有两种情况：（1）在同一个文件中，所有函数都属于内部函数，可以调用。若被调函数在主调函数后，则对被调函数需要进行函数声明。（2）多个函数在不同文件中，对主调函数而言，被调函数在另一个文件中，即外部函数，对主调函数需要对外部函数进行声明，而且被调函数为 extern 声明，这样主调函数可以调用被调函数。如果外部函数（被调函数）声明为 static，那么主调函数无法调用到被调函数。

8．根据函数在文件中的位置，函数可分为哪几类？函数声明有什么作用？

根据函数在文件中的位置，函数可分为内部函数和外部函数。若函数定义为 static，则函数局限于本文件函数调用，即内部函数；若函数定义为 extern，则在其他文件中调用该函数时需要进行 extern 外部函数声明才能调用外部函数。

9. main 主函数有哪些特点？

采用 C 语言开发软件系统时，整个系统无论由多少个文件构成，只能有唯一的主函数 main。它是程序运行时的入口，即由操作系统调用该函数。主函数 main 可以带参数，但只能有两个参数，即命令行参数个数+1 和字符型二维数组，其第一维为参数个数+1，第二维为命令行命令或参数最长字符串个数+1。这个二维数组是 main 函数执行时动态生成的，而且第 0 维保存命令名，依次各维保存命令行参数（字符串）。

10. 从程序安全角度解释理解：在函数定义中，关键字 static 和 extern 起什么作用？

相对而言，函数在不同文件中，函数分为内部函数和外部函数。在定义函数时，声明为 extern，表明该函数可以被其他文件的函数调用。若其他文件出现同名的函数，则文件内的函数优先级高于 extern 声明的函数（外部函数）。在函数定义时，声明为 static，表明该函数只局限于本文件函数调用（内部函数）。通过 extern 或 static 定义函数，实际上是管理了函数的可调用范围，加强了函数可调用的有效性，提高了函数调用的安全性。

11. 用牛顿迭代方法求方程 $ax^3+bx^2+cx+d=0$ 的根，其中 a、b、c、d 和第一个根的近似值由键盘输入。

```c
#include "stdio.h"
#include "math.h"
float fun(float a,float b,float c,float d,float x)  //方程函数
{
    return a*x*x*x+b*x*x+c*x+d;
}
float fun1(float a,float b,float c,float x)                //方程函数导数
{
    return a*x*x+b*x+c;
}
float newton(float a,float b,float c,float d,float xk1)
{
    float xk;
    do {
        xk=xk1;
        xk1=xk-fun(a,b,c,d,xk)/fun1(a,b,c,xk);    //直线方程的解
        } while(fabs(xk1-xk)>1e-6);
    return xk1;
}
void main()
{
    float a, b, c, d,x0,res;
    scanf("%f%f%f%f%f", &a, &b, &c, &d, &x0);
    res=newton(a, b, c, d, x0);
    printf("%fx^3+%fx^2+%fx+%f=0, solution=%f\n", a, b, c, d,x0);
}
```

12. 用梯形法求定积分 $\int_a^b f(x)\mathrm{d}x$，其中 $f(x)=5x^2+6x-3$，上下限 a，b 从键盘输入。

```c
#include "stdio.h"
float fun(float x)
```

```
    {
        return 5*x*x+6*x-3;
    }
    float trapezia (float a, float b, int n)
    {
        float res=0,delta=(b-a)/n,fa,fb;
        int i;
        while(b>a)
        {
            fa=fun(a);
            fb=fun(a+delta);
            res+=(fa+fb)*delta/2;
            a+=delta;
        }
        return res;
    }
void main()
{
    float a, b,res;
    int n;
    scanf("%f%f%d", &a, &b, &n);
    res= trapezia (a, b, n);
    printf("solution=%f\n", res);
}
```

13. 用递归方法求一个自然数的最大公约数。

```
#include "stdio.h"
int max_common_divisor(int a, int b)    //设 a>=b
{
    if(a%b==0) return b;
    else return max_common_divisor(b, a%b);
}
void main()
{
    int a,b,res;
    scanf("%d%d",&a, &b);
    if(a<b){ a=a+b; b=a-b; a=a-b;}        //交换数据
    res= max_common_divisor(a, b);
    printf("Max_Com_Divisor=%d\n",res);
}
```

14. 用递归方法求 n!。

```
#include "stdio.h"
int factorial(int n)
{
    return n==0?1:n*factorial(n-1);
}
```

```
void main()
{
    int n,res;
    scanf("%d",&n);
    res= factorial(n);
    printf("Factorial=%d\n",res);
}
```

15. 有一分数数列：$\dfrac{1}{2},\dfrac{2}{3},\dfrac{3}{5},\dfrac{5}{8},\dfrac{8}{13},\cdots$，用结构体描述分数，采用递归方法求第 n 项的分数。n 从键盘输入。

```
#include "stdio.h"
typedef struct {int fz,fm;} FS;          //分数结构体
FS fun(int n)                             //分数求解
{
    FS fs,fs0;
    if(n==1)                              //第一项分数
    {
        fs.fz=1;
        fs.fm=2;
    }
    else                                  //其他项分数
    {
        fs0=fun(n-1);                     //前一项分数
        fs.fz=fs0.fm;                     //当前项分子为前一项分母
        fs.fm=fs0.fz+fs0.fm;              //当前项分母为前一项分子、分母之和
    }
    return fs;
}
void main()
{
    int n;
    FS res;
    scanf("%d",&n);
    res= fun(n);
    printf("Fun(%d)=%d/%d\n",n,res.fz,res.fm);
}
//其他做法
int funz(int n)
{
    int funm();
    int fz;
    if(n==1) fz=1;
    else fz=funm(n-1);                    //前一项分母
    return fz;
}
int funm(int n)
```

```
    {
        int fm;
        if(n==1)fm=2;
        else fm=funz(n-1)+funm(n-1);       //前一项分子、分母之和
        return fm;
    }
    void main()
    {
        int n;
        FS res;
        scanf("%d",&n);
        res.fz= funz(n);                    //分子
        res.fm=funm(n);                     //分母
        printf("Fun(%d)=%d/%d\n",n,res.fz,res.fm);
    }
```

16. 分析下面程序，并说明程序运行结果。

```
#include "stdio.h"
int fib(int n)
{
    static int f1=1,f2=1;
    int f=1;
    if(n!=0&&n!=1)
    {
        f=f1+f2;
        f1=f2;
        f2=f;
    }
    return (f);
}
void main()
{
    int i;
    for(i=0; i<=5; i++)
        printf("fib(%d)=%d\n", i, fib(i));
    printf("\n");
    for(i=0;i<=5;i++)
        printf("fib(%d)=%d\n", i, fib(i));
}
```

17. 输入 3 个数，调用一个函数同时可得到 3 个数中的最大值和最小值。

```
#include"stdio.h"
void get_max_min(int a,int b,int c,int *max,int *min)
{
    *max=*min=a;
    if(*max<b)  *max=b;
    else if(*min>b)  *min=b;
```

```
        if(*max<c) *max=c;
        else if(*min>c)*min=c;
}
void main()
{
    int a,b,c,max,min;
    scanf("%d%d%d",&a,&b,&c);
    get_max_min(a,b,c,&max,&min);
    printf("%d  %d\n",max,min);
}
//其他做法
#include"stdio.h"
int max,min;
void get_max_min(int a,int b,int c)
{
    max=min=a;
    if(max<b) max=b;
    else if(min>b) min=b;
    if(max<c) max=c;
    else if(min>c) min=c;
}
void main()
{
    int a,b,c;
    scanf("%d%d%d",&a,&b,&c);
    get_max_min(a,b,c);
    printf("%d  %d\n",max,min);
}
```

18．人员信息管理系统。

假设人员信息记录包括编号、姓名、性别、年龄、出生年月日、工资和住址。功能要求：
（1）增加人员记录；（2）修改人员记录；（3）删除人员记录；（4）查询人员记录；（5）显示人员记录。

设计思路如下。

（1）采用结构体类型描述人员信息。

（2）设定足够大的结构体类型数组存储人员信息。

（3）考虑管理的5个功能都要访问人员数据，把结构体数组设置为全局数组，同时定义全局变量记录当前人员个数。

（4）设计一个菜单，显示5个功能项。

5个功能项的设计要求如下。

（1）增加人员记录。可随机增加人员信息，但要求人员信息按编号从小到大排序。

（2）修改人员记录。可修改人员信息，如果修改人员编号，那么还要保留人员信息的有序性。

（3）删除人员记录。可删除人员记录，首先根据人员编号定位即将删除人员，再进行删除。

（4）查询人员记录。根据人员编号可查询到人员记录及其在数组中的位置（下标）。建议先排序，再用折半查询。

（5）显示人员记录。以交互方式按页（每页 25 行）方式显示所有人员记录信息。

除上述 5 个功能函数外，还可设计其他辅助函数，以提高程序的模块化程度。

```c
#include "stdio.h"
#include "string.h"
#define OK 1                                   //符号常量
#define ERROR -1
#define MAXSIZE 200                            //人群大小

typedef int Status;
struct DATE                                    //日期结构体类型
    { int month,day,year; };
typedef char NAME[20];                         //姓名字符数组类型
typedef char ADDRESS[500];                     //住址字符数组类型
typedef struct                                 //人员结构体类型定义
{
    int num;                                   //编号，变量成员
    NAME name;                                 //姓名，数组成员
    char sex;                                  //性别，变量成员
    struct DATE birth;                         //日期，变量成员
    float salary;                              //工资，变量成员
    ADDRESS address;                           //住址，数组成员
}PERSON;                                        //人员数据类型

typedef struct
{
    PERSON person[MAXSIZE];                    //人员集合
    int count;                                 //实际人数
}PEOPLE;                                        //人员集合结构体类型定义

void Init();                                    //函数声明
void Input();
Status Add();
Status Update();
Status Delete();
Status Locate();
void Sort();
void Display();
void DisplayAll();
void DisplayPerson();
void Menu();

void main()
{
    PEOPLE people;                             //定义人员存储空间
    Init(&people);                             //初始化人员集合
    Menu(&people);                             //人员系统菜单操作
}
```

```
void Menu(PEOPLE *people)                               //功能菜单
{
    char sel;                                           //菜单选项
    int index,num;                                      //人员在集合中下标、人员编号
    PERSON person;                                      //人员变量
    while(1)                                            //无限循环
    {
        printf("1.增加人员 Add Person.\n");             //菜单项
        printf("2.更新人员 Update Person.\n");
        printf("3.删除人员 Delete Person.\n");
        printf("4.查询人员 Query Person.\n");
        printf("5.显示人员 Display People.\n");
        printf("6.退出 Exit.\n");
        sel=getch();
        index=-1;
        switch(sel)
        {
            case '1':Input(&person);                    //输入一个人员
                    if(Add(people,person)==ERROR)       //加入人员成功?
                    {
                        printf("不能加入人员.\n");
                        break;
                    }
                    Sort(people);                       //人员集合排序
                    break;
            case '2':printf("Number:");                 //输入人员编号
                    scanf("%d",&num);
                    if(Locate(people,num,&index)==ERROR)
                                                        //人员定位（查询）成功?
                    {
                        printf("没找到.\n");
                        break;
                    }
                    Display(people,index);              //显示找到人员
                    Input(&person);                     //输入人员信息
                    if(Update(people,index,person)==ERROR)
                                                        //人员信息更新成功?
                    {
                        printf("不能更新人员.\n");
                        break;
                    }
                    Sort(people);                       //人员集合排序
                    break;
            case '3':printf("Number:");                 //输入人员编号
                    scanf("%d",&num);
                    if(Locate(people,num,&index)==ERROR)
                                                        //人员定位（查询）成功?
```

```
                                {
                                    printf("没找到.\n");
                                    break;
                                }
                                Display(people,index);           //显示找到人员
                                if(Delete(people,index,&person)==ERROR)
                                                                 //人员删除成功?
                                    printf("不能删除人员\n");
                                break;
                case '4':printf("Number:");                       //输入人员编号
                         scanf("%d",&num);
                         if(Locate(people,num,&index)==ERROR)
                                                                 //人员定位（查询）成功?
                                {
                                    printf("没找到.\n");
                                    break;
                                }
                         Display(people,index);                  //显示找到人员
                         break;
                case '5':DisplayAll(people);                     //显示所有人员
                         break;
                case '6':printf("===End===\n");                  //退出菜单
                         return;
            }
    }
}
void Init(PEOPLE *people)                                         //初始化人群
{
    people->count=0;                                             //没有人员
}
void Input(PERSON *p)                                             //输入人员数据
{
    printf("Input Person:\n");
    printf("编号: ");
    scanf("%d",&p->num);
    printf("姓名: ");
    scanf("%s",p->name);
    printf("性别（m/f）: ");
    scanf("%*c%c",&p->sex);
    printf("出生日期（yyyy.mm.dd）: ");
    scanf("%d.%d.%d",&p->birth.year,&p->birth.month,&p->birth.day);
    printf("工资: ");
    scanf("%f",&p->salary);
    printf("住址: ");
    scanf("%s",p->address);
}
Status Add(PEOPLE *people,PERSON person)                          //增加人员到集合中
```

```
{
    if(people->count>=MAXSIZE) return ERROR;              //没有空间
    people->person[people->count++]=person;
    return OK;
}
Status Update(PEOPLE *people,int index,PERSON person)     //增加人员到集合中
{
    if(index>people->count-1||index<0)return ERROR;       //下标越界
    people->person[index]=person;
    return OK;
}
Status Delete(PEOPLE *people,int index,PERSON *person)    //从人员集合中删除人员
{
    int i;
    if(index>people->count-1||index<0)return ERROR;       //下标越界
    *person=people->person[index];                        //被删除人员信息
    for(i=index;i<people->count-1;i++)
        people->person[i]=people->person[i+1];            //删除人员
    people->count--;                                      //实际人员减少
    return OK;
}
/*
Status Locate(PEOPLE *people,int num,int* index)          //检索人员下标,顺序检索
{
    int i;
    *index=-1;
    for(i=0;i<people->count;i++)
        if(people->person[i].num==num) break;
    if(i!=people->count)
    {
        *index=i;
        return OK;
    }
    return ERROR;
}
*/
Status Locate(PEOPLE *people,int num,int* index)          //检索人员下标,折半检索
{
    int i,j,m;
    *index=-1;
    if(people->person[people->count-1].num==num)          //人员在右边界
    {
        *index=people->count-1;
        return OK;
    }
    i=0;                                                  //下标
    j=people->count-1;
```

```
        m=(i+j)/2;
        while(people->person[m].num!=num&&m!=i)          //人员下标定位
        {
            if(num<people->person[m].num) j=m;
            else i=m;
            m=(i+j)/2;
        }
        if(people->person[m].num==num)                    //检索到人员
        {
            *index=m;                                      //人员下标
            return OK;
        }
        else
            return ERROR;
}
void Sort(PEOPLE *people)                                  //根据编号从小到大排序人员
{
    int i,j,r;
    PERSON p;
    for(i=0;i<people->count;i++)                           //选择排序法
    {
        for(r=i,j=i+1;j<people->count;j++)
            if(people->person[r].num >people->person[j].num)r=j;
        if(r!=i)
        {
            p=people->person[i];
            people->person[i]=people->person[r];
            people->person[r]=p;
        }
    }
}
void DisplayPerson(PERSON *p)                              //显示一个人员
{
    printf("%d\t%s\t%c\t%d.%d.%d\t%.2f\t%s\n",
            p->num,p->name,p->sex,
            p->birth.year,p->birth.month,p->birth.day,
            p->salary,p->address);
}
void DisplayAll(PEOPLE *people)                            //显示所有人员
{
    int i;
    PERSON *p;
    for(i=0;i<people->count;i++)
    {
        if(i%25==0)printf("==========\n");
        p=people->person+i;
        DisplayPerson(p);
```

```
        }
}
void Display(PEOPLE *people,int index)                //显示下标标识的人员
{
    int i;
    PERSON *p;
    if(index==-1||index>people->count-1)
        printf("越界!\n");
    else
        DisplayPerson(people->person+index);
}
```

第7章

变量有效范围与存储类别

习题 7 解答

1. 变量定义需要涉及哪 3 个属性？各有什么含义？

变量定义涉及 3 个属性，包括数据类型、存储类别和有效范围。数据类型决定变量数据单元大小、取值范围和数值精度以及运算。存储类别决定变量生存期，即动态或静态。有效范围决定变量安全访问权限，包括局部、全局或跨文件访问。

2. 从程序、数据安全角度解释理解：什么是变量有效范围？根据变量与函数定义中的位置关系，变量可分为哪两种变量？各有什么特点？根据变量有效范围（在相同文件内），变量可分为哪两种变量？各有什么特点？根据变量有效范围（在不同文件内），变量可分为哪两种变量？各有什么特点？

为了增强模块化程序设计，安全有效地使用变量，需要确定变量有效范围。这主要体现在变量定义时，根据在程序中的位置，可分为内部变量和外部变量，外部变量是静态变量。从覆盖有效范围看，可分为局部变量和全局变量。内部变量在函数内定义，局限于函数内部访问，因此内部变量也是局部变量。外部变量在函数外定义，其有效范围从定义位置开始覆盖到其后的所有函数，即被覆盖的函数可以访问这些变量（不出现同名的局部变量下）。在函数定义前，对其后的外部变量进行声明（函数内或函数外声明），该函数也可以访问外部变量。若对外部变量在所有函数外以及在文件开始处声明，则此时文件所有函数均可以访问该外部变量，该外部变量称为全局变量，即所有函数均可以访问（所有函数没有该外部变量同名的局部变量情况下）。局部变量的访问可以屏蔽同名的外部变量、全局变量。在外部变量定义时，若用 static 修饰，则指明该外部变量仅限于本文件内函数访问，不可被其他文件的函数访问。反之，若用 extern 修饰（可省略），其他文件可以对该变量进行 extern 声明，则此时该变量也可以被其他文件的函数访问。这些变量都是函数外部变量，且都是静态变量。

3. 变量声明与变量定义有什么不同？为什么需要进行变量声明？变量在相同文件和不同文件内，变量是如何声明的？

变量定义表示计算机内部有相应的数据单元与其对应。函数声明对已定义变量进行声明，指明访问变量的权限。当外部变量定义在函数定义之后，就需要对外部变量进行声明。这主要有两点原因：（1）访问的变量必须先存在（即先定义）；（2）编译过程是从上到下、从左到右进行的，通过变量声明告知将访问的变量在函数后定义，这样编译系统就可标记进行相应处理。在相同文件内，变量声明形式为

《数据类型》《变量名列表》;

与变量定义相同。在不同文件内,外部变量局限于本文件内,外部变量定义用 static 修饰。外部变量定义用 extern 修饰(可省略),其他文件可以进行变量声明,其形式为

《extern》《数据类型》《变量名列表》;

这样,其他文件就可以访问不同文件的外部变量。

4.什么是变量存储类别?变量存储类别可分为哪两大类?根据变量与函数定义中位置的关系,变量可细分为哪些存储类型及其用什么关键字修饰声明?

变量存储类别决定变量的生存期,其可分为动态存储与静态存储两大类。局部变量的存储类别有自动(auto,可省略)、寄存器(register)和静态(static)。外部变量的存储类别只有静态属性。

5.在变量定义中,关键字 static 和 extern 起什么作用?

对局部变量而言,static 修饰符指明定义的局部变量是静态变量,外部变量都是静态变量。外部变量定义用 static 修饰,指明这个外部变量局限于本文件内的函数访问。外部变量定义用 extern 修饰,指明这个外部变量不局限于本文件内的函数访问,即可以被其他文件的函数访问(用 extern 进行外部变量声明)。

6.将习题 6 的第 18 题改用链表存储人员信息来实现人员管理系统。

```c
#include "stdio.h"
#include "string.h"
#include "malloc.h"
#define OK 1                        //符号常量
#define ERROR -1
typedef int Status;
struct DATE                         //日期结构体类型
    { int month, day, year; };
typedef char NAME[20];              //姓名字符数组类型
typedef char ADDRESS[500];          //住址字符数组类型
typedef struct                      //人员结构体类型定义
{
    int num;                        //编号,变量成员
    NAME name;                      //姓名,数组成员
    char sex;                       //性别,变量成员
    struct DATE birth;              //日期,变量成员
    float salary;                   //工资,变量成员
    ADDRESS address;                //住址,数组成员
}PERSON;                            //人员数据类型

typedef struct NODE
{
    PERSON person;                  //人员集合
    struct NODE *next;              //实际人数
}PEOPLE;                           //人员集合结构体类型定义
```

```
    void Init();                                        //函数声明
    void Input();
    Status Add();
    Status Update();
    Status Delete();
    Status Locate();
    void Sort();
    void Display();
    void DisplayAll();
    void DisplayPerson();
    void Menu();

    void main()
    {
        PEOPLE people;                                  //定义人员存储空间
        Init(&people);                                  //初始化人员集合
        Menu(&people);                                  //人员系统菜单操作
    }
    void Menu(PEOPLE *people)                            //功能菜单
    {
        char sel;                                       //菜单选项
        int num;                                        //人员在集合中下标、人员编号
        PEOPLE *index;
        PERSON person;                                  //人员变量
        while(1)                                        //无限循环
        {
            printf("1.增加人员 Add Person.\n");  //菜单项
            printf("2.更新人员 Update Person.\n");
            printf("3.删除人员 Delete Person.\n");
            printf("4.查询人员 Query Person.\n");
            printf("5.显示人员 Display People.\n");
            printf("6.退出 Exit.\n");
            sel=getch();
            switch(sel)
            {
                case '1':Input(&person);                        //输入一个人员
                        if(Add(people,person)==ERROR)   //加入人员成功?
                        {
                            printf("不能加入人员.\n");
                            break;
                        }
                        Sort(people);                           //人员集合排序
                        break;
```

```
        case '2':printf("Number:");              //输入人员编号
                 scanf("%d",&num);
                 if(Locate(people,num,&index)==ERROR)
                                                  //人员定位（查询）成功？
                 {
                     printf("没找到.\n");
                     break;
                 }
                 Display(people,index);           //显示找到人员
                 Input(&person);                  //输入人员信息
                 if(Update(people,index,person)==ERROR)
                                                  //人员信息更新成功？
                 {
                     printf("不能更新人员.\n");
                     break;
                 }
                 Sort(people);                    //人员集合排序
                 break;
        case '3':printf("Number:");              //输入人员编号
                 scanf("%d",&num);
                 if(Locate(people,num,&index)==ERROR)
                                                  //人员定位（查询）成功？
                 {
                     printf("没找到.\n");
                     break;
                 }
                 Display(people,index);           //显示找到人员
                 if(Delete(people,index,&person)==ERROR)
                                                  //人员删除成功？
                     printf("不能删除人员\n");
                 break;
        case '4':printf("Number:");              //输入人员编号
                 scanf("%d",&num);
                 if(Locate(people,num,&index)==ERROR)
                                                  //人员定位（查询）成功？
                 {
                     printf("没找到.\n");
                     break;
                 }
                 Display(people,index);           //显示找到人员
                 break;
        case '5':DisplayAll(people);             //显示所有人员
                 break;
        case '6':printf("===End===\n");          //退出菜单
```

```
                        return;
            }
        }
}
void Init(PEOPLE *people)                          //初始化人群
{
    people->next=NULL;                             //没有人员，头节点
}
void Input(PERSON *p)                              //输入人员数据
{
    printf("Input Person:\n");
    printf("编号：");
    scanf("%d",&p->num);
    printf("姓名：");
    scanf("%s",p->name);
    printf("性别（m/f）：");
    scanf("%*c%c",&p->sex);
    printf("出生日期（yyyy.mm.dd）：");
    scanf("%d.%d.%d",&p->birth.year,&p->birth.month,&p->birth.day);
    printf("工资：");
    scanf("%f",&p->salary);
    printf("住址：");
    scanf("%s",p->address);
}
Status Add(PEOPLE *people,PERSON person)           //增加人员到集合中
{
    PEOPLE *p;
    p=(PEOPLE *)malloc(sizeof(PEOPLE));            //人群中一个节点
    if(p==NULL) return ERROR;                      //没有分配节点空间
    p->person=person;                              //加入人员信息
    p->next=people->next;                          //链接到人群中
    people->next=p;
    return OK;
}
Status Update(PEOPLE *people,PEOPLE *index,PERSON person)
                                                   //增加人员到集合中
{
    int i=0;
    PEOPLE *p=people->next;                        //跳过头节点
    if(index==NULL) return ERROR;                  //下标越界
    index->person=person;
    return OK;
}
Status Delete(PEOPLE *people,PEOPLE *index,PERSON *person)
```

```
                                                      //从人员集合中删除人员
{
    PEOPLE *q=people,*p=q->next;                      //跳过头节点
    if(index==NULL)return ERROR;                      //下标越界
    while(p!=index&&p)                                //定位
    {
        q=p;
        p=q->next;
    }
    if(p!=index) return ERROR;
    q->next=p->next;
    free(p);                                          //被删除人员信息
    return OK;
}
Status Locate(PEOPLE *people,int num, PEOPLE **index)//检索人员下标,顺序检索
{
    PEOPLE *p=people->next;                           //跳过头节点
    *index=NULL;
    while(p&&p->person.num!=num) p=p->next;           //定位
    if(p==NULL) return ERROR;
    *index=p;
    return OK;
}
void Sort(PEOPLE *people)                             //根据编号从小到大排序人员
{
    PEOPLE *i,*j,*r;
    PERSON p;
    for(i=people->next;i!=NULL;i=i->next)             //选择排序法
    {
        for(r=i,j=i->next;j!=NULL;j=j->next)
            if(r->person.num>j->person.num) r=j;
        if(r!=i)
        {
            p=i->person;
            i->person=r->person;
            r->person=p;
        }
    }
}
void DisplayPerson(PERSON *p)                         //显示一个人员
{
    printf("%d\t%s\t%c\t%d.%d.%d\t%.2f\t%s\n",
            p->num,p->name,p->sex,
            p->birth.year,p->birth.month,p->birth.day,
```

```
                            p->salary,p->address);
    }
    void DisplayAll(PEOPLE *people)                    //显示所有人员
    {
        int i=0;
        PEOPLE *p=people->next;
        for(p=people->next;p!=NULL;p=p->next,i++)
        {
            if(i%25==0)printf("=========\n");
            DisplayPerson(&(p->person));
        }
    }
    void Display(PEOPLE *people,PEOPLE *index)          //显示下标标识的人员
    {
        if(index==NULL)return;                          //下标越界
        DisplayPerson(&(index->person));
    }
```

第 8 章

数据位运算

习题 8 解答

一、选择题

1. 以下运算符中优先级最低的是____C____，最高的是____B____。
   A. &&   B. &   C. || D. |

2. 若有运算符 "<<" "sizeof" "^" "&="，则按优先级由高到低的正确排列次序是____B____。
   A. sizeof, &=, <<, ^   B. sizeof, <<, ^, &=
   C. ^, <<, sizeof, &=   D. <<, ^, &=, sizeof

3. 以下叙述中不正确的是____C____。
   A. 表达式 a&=b 等价于 a=a&b
   B. 表达式 a|=b 等价于 a=a|b
   C. 表达式 a!=b 等价于 a=a!b
   D. 表达式 a^=b 等价于 a=a^b

4. 若 x=2,y=3，则 x&y 的结果是____B____。
   A. 0   B. 2   C. 3   D. 5

5. 在位运算中，运算数每左移一位，则结果相当于____A____。
   A. 运算数乘以 2   B. 运算数除以 2
   C. 运算数除以 4   D. 运算数乘以 4

二、解释题

1. 指出下面每个代码段的输出。其中，i、j 和 k 都是 unsigned int 类型的变量。

（1）i=8; j=9;
   printf(" %d",i >> 1 + j >> 1);   ____8____
（2）i=1;
   printf ("%d",i&~i);   ____0____
（3）i=2; j=1; k=0;
   printf(" %d", ~i&j^k);   ____1____
（4）i=7; j=8; k=9;
   printf ("%d", i^j&k);   ____8____

2. 编写一条语句实现变量 i 的第 4 位变换（即 0 变为 1、1 变为 0）。

```
i=(i&0x0008==1)?(i&0xfff7):(i|0x0008)
```

3. 函数 f 定义如下。

```
unsigned int f(unsigned int i, int m, int n)
{return (i >> (m+1-n) & ~(~0<<n));}
```

（1）~(~0<<n)结果是什么？ <u>形成 n 位为 1 的数</u>

（2）函数 f 的作用是什么？ <u>判断从 m+1-n 位置开始的 n 位是否均为 0</u>

三、程序设计

1. 在计算机图形处理中，红、绿和蓝 3 种颜色组成显示颜色（三基色）。每种颜色由 0~255 灰度表示。将 3 种颜色存放在一个长整型变量中，请编写名为 MK_COLOR 的宏，包含 3 个参数（红、绿、蓝的灰度），MK_COLOR 宏需要返回一个 long int 值，其中后 3 字节分别为红、绿和蓝，且红在最后字节。

```
#define MK_COLOR(red,green,blue)  \
(long int)((char)(blue)<<16|(char)(green)<<8|(char)(red))
```

2. 定义字节交换函数为

```
int swap_byte (unsigned short int i);
```

函数 swap_byte 的返回值是将 i 的 2 字节调换后的结果。如 i 的值是 0x1234（二进制形式为 00010010 00110100），swap_byte 的返回值应为 0x3412（二进制形式为 00110100 00010010）。程序以十六进制读入数，然后交换 2 字节并显示。

提示：使用 &hx 转换来读入和输出十六进制数。

另外，试将 swap_byte 函数的函数体化简为一条语句。

```
Enter a hexadecimal number: 1234
Number with byte swapped: 3412
unsigned short int swap_byte(unsigned short int i)
{
    union {unsigned char c[2];unsigned short int i;} a;
    a.i=i;
    a.c[0]=a.c[0]+a.c[1];
    a.c[1]=a.c[0]-a.c[1];
    a.c[0]= a.c[0]-a.c[1];
    i=a.i;
    return i;
}
unsigned short int swap_byte(unsigned short int i)
{
    struct sp {unsigned short int c0:8,c1:8;}*a;
    printf("%d\n",sizeof(a));
    a=(struct sp*)&i;
    a->c0=a->c0+a->c1;
    a->c1=a->c0-a->c1;
    a->c0= a->c0-a->c1;
    return i;
```

```
}
unsigned short int swap_byte(unsigned short int i)
{
    unsigned char c0,c1;
    c0=(i&0x00ff);
    c1=(i&0xff00)>>8;
    i=c0<<8|c1;
    return i;
}
unsigned short int swap_byte(unsigned short int i)
{
    return (i&0x00ff)<<8|(i&0xff00)>>8;
}
```

3. 循环函数定义为

```
unsigned int rotate_left(unsigned int i, int n);
unsigned int rotate_right(unsigned int i, int n);
```

函数 rotate_left (i, n)的值应是将 i 左移 n 位并将从左侧移出的位移入 i 的右端。如整型占 16 位，rotate_left(0x1234, 4)将返回 0x2341。函数 rotate_right 也类似，只是将数字中的位向右循环移位。

```
unsigned int rotate_left(unsigned int i, int n)
{
    int j;
    for(j=0;j<n;j++)
        if(0x4000&i) i=i<<1|1;
        else i=i<<1;
    return i;
}
unsigned int rotate_right(unsigned int i, int n)
{
    int j;
    for(j=0;j<n;j++)
        if(0x0001&i) i=i>>1|0x4000;
        else i=i>>1;
    return i;
}
```

第9章

数据文件处理

习题9解答

1. C 程序处理的文件类型有哪些？

C 语言处理的文件类型有文本文件（ASCII 文件）和二进制文件。

2. 高级文件系统（缓冲文件系统）与低级文件系统（非缓冲文件系统）有什么不同？

高级文件系统（缓冲文件系统）在打开文件时，文件系统自动开辟相应的输入或输出缓冲区。从外存读入或向外存写出是以数据块为单位的（如 512kB），可以匹配内外存速度不匹配的难题。程序中的读写函数实际上是从缓冲区进行读写的。低级文件系统（非缓冲文件系统）用到的缓冲区是程序中自定义的。

3. 在文件读写时，为什么要关注当前"访问位置"？

当前访问位置是文件读写数据的位置。通过定位当前访问位置，可实现随机读写。

4. 文件类型指针有什么作用？

文件类型指针记录打开文件的信息，维持外存与内存（缓冲区）的联系，因此，通过文件指针可以实现文件访问。有关文件访问函数只要涉及文件指针即可。

5. 为什么要对文件打开和关闭？

打开文件是为了建立文件指针与文件的联系、开辟缓冲区。缓冲区与外存是以数据块为单位读写的，也就是只有缓冲区为空或满时才进行内外存的数据交互。当文件关闭时，不满的缓冲区也要强制导出数据，这样确保数据不丢失。

6. 将 10 个整数写入数据文件 f.dat 中，再读出 f.dat 中的数据并求其和（分别用高级文件系统和低级文件系统实现）。

```
//高级文件系统
#include "stdio.h"
void outputdata(FILE *pf,int n)
{
    int i,a;
    for(i=0;i<n;i++)
    {
        scanf("%d",&a);
        fprintf(fp,"%10d",a);
    }
```

```
}
void printdata(FILE *pf,int n)
{
    int i,a;
    for(i=0;i<n-1;i++)
    {
        fscanf(fp,"%d",&a);
        sum+=a;
        printf("%d+",a);
    }
    fscanf(fp,"%d",&a);
    sum+=a;
    printf("%d=",a);
    printf("%d\n",sum);
}
void main()
{
    FILE *pf;
    pf=fopen("d:\\f.dat","w");
    if(pf==NULL)
    {
        prinf("文件没能打开\n");
        exit();
    }
    outputdata(pf,10);
    fclose(pf);
    pf=fopen("d:\\f.dat","r");
    if(pf==NULL)
    {
        prinf("文件没能打开\n");
        exit();
    }
    printdata(pf,10);
    fclose(fp);
}
//低级文件系统
#include "stdio.h"
#include "io.h"
#include "fcntl.h"
void outputdata(int fhandle,int n)
{
    int i,a;
    for(i=0;i<n;i++)
    {
        scanf("%d",&a);
        write(fhandle,&a,sizeof(a));
    }
```

```
        }
    void printdata(int fhandle,int n)
    {
        int i,sum=0,a;
        for(i=0;i<n-1;i++)
        {
            read(fhandle,&a,sizeof(a));
            sum+=a;
            printf("%d+",a);
        }
        read(fhandle,&a,sizeof(a));
        sum+=a;
        printf("%d=",a);
        printf("%d\n",sum);
    }
    void main()
    {
        int fhandle;
        fhandle=open("d:\\C_EX2018\\f2.dat",O_CREAT|O_WRONLY|O_TEXT);
        if(fhandle==-1)
        {
            printf("输出：文件没能打开\n");
            exit(0);
        }
        outputdata(fhandle,10);
        close(fhandle);
        fhandle=open("d:\\C_EX2018\\f2.dat",O_RDONLY|O_BINARY);
        if(fhandle==-1)
        {
            printf("输入：文件没能打开\n");
            exit(0);
        }
        printdata(fhandle,10);
        close(fhandle);
    }
```

7. 用 scanf 函数从键盘读入 5 名学生数据（包括：学生名、学号、3 门课程的成绩），然后求出平均成绩。用 fprintf 函数输出所有信息到磁盘文件 stud.rec 中，再用 fscanf 函数从 stud.rec 中读入这些数据并在显示屏上显示出来。

```
    #include "stdio.h"
    typedef struct
    {
        char name[20];
        int num;
        float scor[3];
    } STUDENT;
    void outputdata(FILE *pf,int n)
```

```
{
    int i;
    STUDENT stu;
    for(i=0;i<n;i++)
    {
        scanf("%s%d%f%f%f",
            stu.name,&stu.num,&stu.score[0],&stu.score[1],&stu.score[2]);
        fprintf(fp, "%s\n%d,%f,%f,%f\n",
            stu.name,stu.num,stu.score[0],stu.score[1],stu.score[2]);
    }
}
void printdata(FILE *pf)
{
    int i;
    STUDENT stu;
    while(!feof(fp))
    {
        fscanf(fp, "%s,%d,%f,%f,%f\n",
            stu.name,&stu.num,&stu.score[0],&stu.score[1],&stu.score[2]);
        printf("%s,%d,%f,%f,%f\n",
            stu.name,stu.num,stu.score[0],stu.score[1],stu.score[2]);
    }
}
void main()
{
    FILE *pf;
    pf=fopen("d:\\stud.rec","w");
    if(pf==NULL)
    {
        prinf("文件没能打开\n");
        exit();
    }
    outputdata(pf,5);
    fclose(pf);
    pf=fopen("d:\\stud.res","r");
    if(pf==NULL)
    {
        prinf("文件没能打开\n");
        exit(0);
    }
    printdata(fp);
    fclose(fp);
}
```

8. 将 10 名职工的数据从键盘输入，然后送入磁盘文件 worker1.rec 中保存。设职工数据包括：职工号、职工名、性别、出生年月日、工资、住址，再从磁盘调入这些数据，依次打印出来（用 fwrite 函数）。

```
#include "stdio.h"
#include "string.h"
#define OK 1                                //符号常量
#define ERROR -1
#define MAXSIZE 200                         //人群大小
#define Total 10                            //所有人员
typedef int Status;
struct DATE                                 //日期结构体类型
    { int month, day, year; };
typedef char NAME[20];                      //姓名字符数组类型
typedef char ADDRESS[500];                  //住址字符数组类型
typedef struct                              //人员结构体类型定义
{
    int num;                                //编号，变量成员
    NAME name;                              //姓名，数组成员
    char sex;                               //性别，变量成员
    struct DATE birth;                      //日期，变量成员
    float salary;                           //工资，变量成员
    ADDRESS address;                        //住址，数组成员
}PERSON;                                     //人员数据类型

typedef struct
{
    PERSON person[MAXSIZE];                 //人员集合
    int count;                              //实际人数
}PEOPLE;                                     //人员集合结构体类型定义

void Init();                                //函数声明
void Input();
Status Add();
void Display();
void DisplayAll();
void DisplayPerson();

void main()
{
    PERSON person;
    PEOPLE people;                          //定义人员存储空间
    FILE *fp;                               //文件指针
    int i;
    if((fp=fopen("d:\\C_EX2018\\worker1.rec","wb"))==NULL)//文件能否打开
    {
        printf("cannot open file\n");
        return;                             //结束程序
    }
    printf("enter data of people:\n");
```

```
    Init(&people);                                    //初始化人员集合
    for(i=0;i<Total;i++)                              //写出数据-1 个结构体变量
    {
        Input(&person);                               //输入人员信息
        if(fwrite((char *)&person, sizeof(PERSON),1,fp)!=1)
        {
            printf("file write error\n");
            return;
        }
        if(Add(&people,person)==ERROR) break;
    }
    DisplayAll(&people);                              //显示所有人员信息
    fclose(fp);                                       //关闭文件
}
void Init(PEOPLE *people)                             //初始化人群
{
    people->count=0;                                 //没有人员
}
void Input(PERSON *p)                                 //输入人员数据
{
    printf("Input Person:\n");
    printf("编号: ");
    scanf("%d",&p->num);
    printf("姓名: ");
    scanf("%s",p->name);
    printf("性别（m/f）: ");
    scanf("%*c%c",&p->sex);
    printf("出生日期（yyyy.mm.dd）: ");
    scanf("%d.%d.%d",&p->birth.year,&p->birth.month,&p->birth.day);
    printf("工资: ");
    scanf("%f",&p->salary);
    printf("住址: ");
    scanf("%s",p->address);
}
Status Add(PEOPLE *people,PERSON person)              //增加人员到集合中
{
    if(people->count>=MAXSIZE) return ERROR;          //没有空间
    people->person[people->count++]=person;
    return OK;
}
void DisplayPerson(PERSON *p)                         //显示一个人员
{
    printf("%d\t%s\t%c\t%d.%d.%d\t%.2f\t%s\n",
            p->num,p->name,p->sex,
            p->birth.year,p->birth.month,p->birth.day,
            p->salary,p->address);
```

```
    }
    void DisplayAll(PEOPLE *people)                    //显示所有人员
    {
        int i;
        PERSON *p;
        for(i=0;i<people->count;i++)
        {
            if(i%25==0)printf("==========\n");
            p=people->person+i;
            DisplayPerson(p);
        }
    }
    void Display(PEOPLE *people,int index)             //显示下标标识的人员
    {
        int i;
        PERSON *p;
        if(index==-1||index>people->count-1)
            printf("越界!\n");
        else
            DisplayPerson(people->person+index);
    }
    int Write(FILE *fp, PEOPLE *people)
    {
        int i;
        for(i=0;i<Total;i++)                           //写出数据-1个结构体变量
            if(fwrite((char *)&people[i].person, sizeof(PERSON),1,fp)!=1)
                return ERROR;
        return OK;
    }
```

9. 将存放在上题 worker1.rec 中的职工数据按工资从高到低排序，将排好序的各记录存放在 worker2.rec 中（用 fread 函数）。

第 8 题的主函数改为

```
    void main()
    {
        PERSON person;
        PEOPLE people;                                 //定义人员存储空间
        FILE *fp;                                      //文件指针
        int i;
        if((fp=fopen("d:\\C_EX2018\\worker1.rec","rb"))==NULL) //文件能否打开
        {
            printf("cannot open file\n");
            return;                                     //结束程序
        }
        Init(&people);                                 //初始化人员集合
        while(!eof(fp))                                //读入数据-1个结构体变量
```

```
        {
            fread((char *)&person, sizeof(PERSON),1,fp);
            if(Add(&people,person)==ERROR) break;
        }
        people.count--;                              //多读了一次，减少一次
        DisplayAll(&people);
        Sort(&people);
        DisplayAll(&people);                         //显示所有人员信息
        fclose(fp);                                  //关闭文件
        if((fp=fopen("d:\\C_EX2018\\worker2.rec","wb"))==NULL)//文件能否打开
        {
            printf("cannot open file\n");
            return;                                  //结束程序
        }
        for(i=0;i<people.count;i++)                  //写出数据-1 个结构体变量
                if(fwrite((char *)&(people.person[i]), sizeof(PERSON),1,fp)!=1)
                {
                    printf("file write error\n");
                    return;
                }
        fclose(fp);
}
```

增加排序函数：

```
void Sort(PEOPLE *people)                    //根据工资从大到小排序人员
{
    int i,j,r;
    PERSON p;
    for(i=0;i<people->count;i++)             //选择排序法
    {
        for(r=i,j=i+1;j<people->count;j++)
            if(people->person[r].salary<people->person[j].salary)r=j;
        if(r!=i)
        {
            p=people->person[i];
            people->person[i]=people->person[r];
            people->person[r]=p;
        }
    }
}
```

10. 文件 worker2.rec 中插入一名新职工的数据，并使插入后的数据仍保持原来的顺序（按工资从高到低的顺序插入到原有文件中），然后写入 worker3.rec 中。

第 9 题主函数改为

```
void main()
{
    PERSON person;
```

```
    PEOPLE people;                              //定义人员存储空间
    FILE *fp;                                   //文件指针
    int i;
    if((fp=fopen("d:\\C_EX2018\\worker2.rec","rb"))==NULL)//文件能否打开
    {
        printf("cannot open file.\n");
        return;                                 //结束程序
    }
    Init(&people);                              //初始化人员集合
    while(!feof(fp))                            //读入数据-1个结构体变量
    {
        fread((char *)&person, sizeof(PERSON),1,fp);
        if(Add(&people,person)==ERROR) break;
    }
    people.count--;                             //多读了一次，减少一次
    DisplayAll(&people);
    Input(&person);
    Insert(&people,person);                     //插入人员信息
    DisplayAll(&people);                        //显示所有人员信息
    fclose(fp);                                 //关闭文件
    if((fp=fopen("d:\\C_EX2018\\worker3.rec","wb"))==NULL)//文件能否打开
    {
        printf("cannot open file.===\n");
        return;                                 //结束程序
    }
    for(i=0;i<people.count;i++)                 //写出数据-1个结构体变量
        if(fwrite((char *)&(people.person[i]), sizeof(PERSON),1,fp)!=1)
        {
            printf("file write error\n");
            return;
        }
    fclose(fp);
}
```

增加插入函数：

```
Status Insert(PEOPLE *people,PERSON person)    //插入人员到集合中
{
    int i=0,j;
    if(people->count>=MAXSIZE) return ERROR;    //没有空间
    while(i<people->count&&people->person[i].salary>person.salary)
            i++;
    for(j=people->count;i<j;j--)
        people->person[j]=people->person[j-1];
    people->person[i]=person;
    people->count++;
    return OK;
}
```

11. 删除 worker2.rec 中某个编号的职工记录，再存入原文件中（用 fread 和 fwrite 函数）。

第 10 题的主函数改为

```c
void main()
{
    PERSON person;
    PEOPLE people;                          //定义人员存储空间
    FILE *fp;                               //文件指针
    int i,num,index;
    if((fp=fopen("d:\\C_EX2018\\worker2.rec","rb"))==NULL)//文件能否打开
    {
        printf("cannot open file.\n");
        return;                             //结束程序
    }
    Init(&people);                          //初始化人员集合
    while(!feof(fp))                        //读入数据-1 个结构体变量
    {
        fread((char *)&person, sizeof(PERSON),1,fp);
        if(Add(&people,person)==ERROR) break;
    }
    people.count--;                         //多读了一次，减少一次
    DisplayAll(&people);
    printf("Num:");
    scanf("%d",&num);
    Locate(&people,num,&index);
    if(index!=-1)
    {
        Display(&people,index);             //显示人员信息
        Delete(&people,index,&person);      //删除人员信息
    }
    DisplayAll(&people);                    //显示所有人员信息
    fclose(fp);
    if((fp=fopen("d:\\C_EX2018\\worker2.rec","wb"))==NULL)//文件能否打开
    {
        printf("cannot open file.\n");
        return;                             //结束程序
    }
    for(i=0;i<people.count;i++)             //写出数据-1 个结构体变量
        if(fwrite((char *)&(people.person[i]), sizeof(PERSON),1,fp)!=1)
        {
            printf("file write error\n");
            return;
        }
    fclose(fp);
}
```

12. 将习题 7 中的第 6 题采用文件进行管理数据。当人员管理系统退出时，需要保留人员信息到数据文件中；当启动人员管理系统时，需要导入数据文件中的人员信息，再进行数据操作。

将习题 7 中的第 6 题的主函数改为

```
void main()
{
    PEOPLE people;                              //定义人员存储空间
    FILE *fp;
    char filename[200]="d:\\C_EX2018\\workers.rec";
    Init(&people);                              //初始化人员集合
    OpenDataFile(filename,&people);             //打开数据文件,读数据集
    Menu(&people);                              //人员系统菜单操作
    CloseDataFile(filename,&people);            //关闭数据文件,写数据集
}
```

增加文件打开及数据输入,文件输出和关闭函数为

```
void OpenDataFile(char *filename,PEOPLE *people)
{
    PERSON person;
    FILE *fp;                                   //文件指针
    PEOPLE *p;
    if((fp=fopen(filename,"rb"))==NULL)         //文件能否打开
        return;                                 //结束程序
    while(!feof(fp))                            //读入数据-1 个结构体变量
    {
        fread((char *)&person, sizeof(PERSON),1,fp);
        if(Add(people,person)==ERROR) break;
    }
    p=people->next;                             //多读了一次,减少一次
    people->next=p->next;
    free(p);
    fclose(fp);
}
void CloseDataFile(char *filename,PEOPLE *people)
{
    PERSON person;
    PEOPLE *p=people->next;                     //定义人员存储空间
    FILE *fp;                                   //文件指针
    if((fp=fopen(filename,"wb"))==NULL)         //文件能否打开
        return;                                 //结束程序
    while(p!=NULL)                              //写出数据-1 个结构体变量
    {
        if(fwrite((char *)&(p->person), sizeof(PERSON),1,fp)!=1)
        {
            printf("file write error\n");
            return;
        }
        p=p->next;
    }
    fclose(fp);
}
```

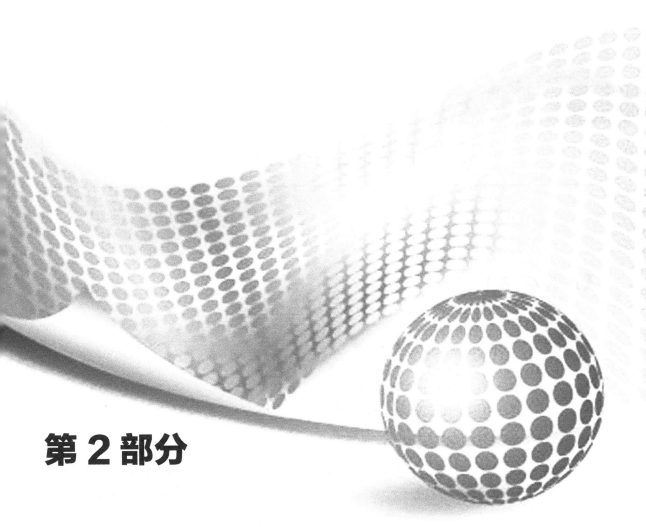

第 2 部分

典型例题解析与习题篇

第 1 章

C 语言与程序设计

【典型例题解析】

一、选择题

1. 以下叙述中正确的是（　　）。

A. 算法必须要有输入和输出操作

B. 算法可以没有输出但必须要有输入

C. 算法可以没有输入但必须要有输出

D. 算法可以既没有输入又没有输出

答案：C

解析：本题考查的是算法的 5 个基本特征中的输入和输出特征。算法要求有零个或多个输入，既可以没有输入，又可以有一个或多个输入。算法要求有一个或多个输出，即必须有输出。故答案为 C。

2. 下列叙述中错误的是（　　）。

A. 计算机不能直接执行用 C 语言编写的源程序

B. C 程序编译后，生成后缀为.obj 的文件是一个二进制文件

C. 后缀为.obj 的文件，经链接生成后缀为.exe 的文件是一个二进制文件

D. 后缀为.obj 和.exe 的二进制文件都可以直接运行

答案：D

解析：本题考查的是 C 程序从编写到生成可执行文件的步骤问题。C 程序编写的源程序（.c 文件）经 C 编译程序编译后生成后缀为.obj 的二进制文件（不可执行），再经过链接库文件后生成后缀为.exe 的二进制文件，最终执行的是后缀为.exe 的二进制文件。故答案为 D。

【习题】

一、选择题

1. 以下叙述正确的是（　　）。

A. C 语言比其他语言高级

B. C 语言可以不用编译就能被计算机识别执行

C．C 语言以接近英语国家的自然语言和数学语言作为语言的表达形式

　　D．C 语言出现的最晚且具有其他语言的一切优点

　2．能将高级语言编写的源程序转换成目标程序的是（　　　）。

　　A．链接程序　　　　B．解释程序　　　　C．编译程序　　　　D．编辑程序

二、填空题

　1．结构化程序设计由_____、_____、_____3 种基本结构组成。

　2．用高级语言编写的程序称为_____程序，它可以通过解释程序（解释一句执行一句），也可以通过编译程序一次性地翻译成_____程序，然后再执行。

　3．计算机语言的发展历程是先出现_____语言，然后出现汇编语言，最后出现_____语言。

　4．C 语言源程序文件的后缀是_____，经过编译后生成文件的后缀是_____，经过链接后生成文件的后缀是_____。

【习题参考答案】

一、选择题

1．C　　2．C

二、填空题

1．顺序结构、选择结构、循环结构

2．源程序、目标程序

3．低级语言、高级语言

4．.c 、 .obj、 .exe　（注意文件名大小写一样）

第 2 章

C 语言基础

【典型例题解析】

一、选择题

1. 一个 C 语言的源程序中，（　　）。

　　A．可以有多个主函数

　　B．必须有一个主函数

　　C．必须有主函数和其他函数

　　D．可以没有主函数

答案：B

解析：本题考查的是主函数在 C 程序中的作用。一个 C 程序中必须有且仅有一个主函数，其他函数可有可无。故答案为 B。

2. 以下叙述中正确的是（　　）。

　　A．C 语言的基本组成单位是语句

　　B．C 程序中的每一行只能写一条语句

　　C．C 语句必须以分号结束

　　D．C 语句必须在一行内完成

答案：C

解析：本题考查的是 C 语言的基本概念。函数是 C 语言程序的基本组成单位，选项 A 错误。C 语言书写格式自由，一行内可以写多个语句，一个语句可以分多行书写，选项 B、D 错误。分号是语句结束的标志，任何一条语句都必须以分号结束，故答案为 C。

3. 请选出可用作 C 语言用户标识符的一组标识符（　　）。

A. void	B. a3_b3	C. For	D. 2a
define	_123	-abc	DO
WORD	IF	Case	sizeof

答案：B

解析：本题考查的是标识符问题。C 语言中标识符的命名规则是由英文字母、数字、下画线组成的，且只能以英文字母、下画线开头，并且不能使用 C 语言的关键字，注意 C 语言的关键字都是小写。A 选项中的 void 是关键字，C 选项中的-abc 错误，不能以连字符 "-" 开头，D 选项中的 2a 错误，不能以数字开头，sizeof 错误，sizeof 是系统关键字。故答案为 B。

4．以下选项中，属于合法转义字符是（　　）。

    A．'\\'　　　　　　B．'\018'　　　　C．'xab'　　　　D．'\nab'

答案：A

解析：本题主要考查的是转义字符的概念。转义字符是一种特殊的字符，由一对单引号括起来，以"\"（反斜杠）字符开头。如\n就是一个转义字符，表示换行。本题中选项 B 错误，"\"字符后可以跟 1～3 位数字字符，但应该是八进制数，不能包含 8；选项 C 错误，没有以"\"字符开头；选项 D 错误，'\n'是转义字符，后面不能再有其他字符。故答案为 A。

5．假设在程序中 a、b、c 均被定义成整型，并且已赋大于 1 的值，则下列能正确表示代数式 $\frac{1}{abc}$ 的表达式是（　　）。

    A．1/a * b * c　　B．1/(a * b * c)　　C．1/a/b(float)c　　D．1.0/a/b/c

答案：D

解析：本题考查的是运算符的使用。选项 A 错误，表达的是 bc/a。选项 B 错误，由于 abc 都是整数，它们的积也是整数，整数除以整数还是整数，因此得 0。选项 C 与选项 B 类似，1/a 得 0。选项 D 正确，由于 1.0 是 double 类型，1.0/a 就是 double 类型，因此结果不为 0，可以保留小数。故答案为 D。

6．在 VC++ 6.0 的编译环境下，为了计算 s=50!（10 的阶乘），则 s 变量应定义为（　　）。

    A．int　　　　　　B．unsigned　　　C．long　　　　D．以上 3 种类型均不可

答案：D

解析：本题考查的是变量的类型及其取值范围。50! 的值至少是 10 的 50 次方，已经超出了所有整型类型的取值范围。故答案为 D。

7．以下选项中，与 k=n++ 完全等价的表达式是（　　）。

    A．k=n,n=n+1　　B．n=n+1,k=n　　C．k=++n　　　D．k+=n+1

答案：A

解析：在本题中，k=n++ 为后缀运算，根据其运算规则，应先把 n 的值赋给 k，然后 n 的值再加上 1，选项 A 的表达式与本题中的表达式等价。故答案为 A。

8．若 w=1，x=2，y=3，z=4，则条件表达式 w<x?w:y<z?y:z 的结果为（　　）。

    A．4　　　　　　B．3　　　　　　C．2　　　　　　D．1

答案：D

解析：本题考点为条件运算符的使用规则与结合性。条件运算符的结合方向为"自右至左"，条件表达式 w<x?w:y<z?y:z 相当于 w<x?w:(y<z?y:z)，结果为 1，故答案为 D。

9．设 x，t 均为 int 型变量，则执行语句 "x=10;t=x&&x>10;" 后，t 的值为（　　）。

    A.不定值　　　　B．10　　　　　C．1　　　　　　D．0

答案：D

解析：本题考点为多运算符的优先级与结合性。根据优先级，表达式 t=x&&x>10 等价于 t=(x&&(x>10))。优先计算关系运算符（x>10）为假，即 0。然后计算逻辑表达式为假，即 0。最后执行赋值运算，t 的值为 0。故答案为 D。

10．数学关系表达式 $x \leq y \leq z$ 的 C 语言表达式为（　　）。

    A．(x<=y)&&(y<=z)　　　　　　B．(x<=y)AND(y<=z)

    C．(x<=y<=z)　　　　　　　　D．(x<=y)&(y<=z)

答案：A

解析：本题考点为数学表达式对应的 C 语言表达方式。许多 C 语言初学者习惯把数学表达式写入 C 语言的语句中，忽略了两者之间的不同。如数学表达式[a(b+c)+d]ac，合法的 C 语言表达方式为(a*(b+c)+d)*a*c，将方括号改成圆括号，"*"不能省略；本题中数学关系表达式的 C 语言表达式为(x<=y)&&(y<=z)，故答案为 A。

二、读程序写结果

1．写出以下程序的运行结果。

```c
#include"stdio.h"
void main()
{
    int a=2;
    a%=4-1;
    printf("%d,",a);
    a+=a*=a-=a*=3;
    printf("%d",a);
}
```

答案：2,0

解析："%="为复合赋值运算符，其优先级低于算术运算符，所以 a%=4-1 等价于 a=a%(4-1)，即 a=2%(4-1)，结果为 2。a+=a*=a-=a*=3 尽管表面上很复杂，但只要计算时注意变量的值被不停地更新，就很容易得出正确结果，复合赋值运算符的结合性为右结合性，计算时从右往左算，先算 a*=3，a 的值为 6，再算 a-=6，a 的值为 0，后面的就不用计算了，结果为 0。

2．写出以下程序的运行结果。

```c
#include <stdio.h>
void main()
{
    int a,b,x,y;
    a=6;b=8;
    s=a++;
    y=++b;
    printf("a=%d,b=%d,x=%d,y=%d\n",a,b,x,y);
}
```

答案：a=7,b=9,x=6,y=9

解析：本题主要考查的是"++"运算符的使用，即前加和后加的区别。前加是先自身加 1 再参与其他运算，后加是先参与其他运算再自身加 1。因此"x=a++"等价于"x=a;a=a+1;"而"y=++b"等价于"b=b+1;y=b"。

【习题】

一、选择题

1．以下叙述不正确的是（　　）。

A．一个 C 程序可由一个或多个函数组成

B．一个 C 程序必须包含一个 main 函数

C．C 程序的基本组成单位是函数

D．在 C 程序中，注释说明只能位于一条语句的后面

2．C 语言规定：在一个源程序中，main 函数的位置（　　）。

    A．必须在最开始

    B．必须在系统调用的库函数的后面

    C．可以任意

    D．必须在最后

3．C 语言中的标识符只能由英文字母、数字和下画线 3 种字符组成，且第一个字符（　　）。

    A．必须为英文字母

    B．必须为下画线

    C．必须为英文字母或下画线

    D．可以是英文字母、数字和下画线中任一种字符

4．以下选项中，合法的用户标识符是（　　）。

    A．long   B．_2abc   C．3dmax   D．A.dat

5．以下选项中，均是合法的用户标识符的是（　　）。

    A．A   B．float   C．b−a   D．_123

      P_0   la0   goto   temp

      do   _A   int   INT

6．以下选项中，不是合法整型常量的是（　　）。

    A．160   B．−0xcdg   C．−01   D．−0x48a

7．下列对变量定义和初始化合法的是（　　）。

    A．short _a=1.1e−1;   B．double b=1+5e2.5;

    C．long do=0xfdaL;   D．float 2_and=1e−3;

8．以下能正确地定义整型变量 a、b 和 c，并为它们都赋初值为 5 的语句是（　　）。

    A．int a=b= c= 5;   B．int a,b, c= 5;

    C．int a= 5,b=5,c=5;   D．a= b= c=5;

9．设 x、y 均为 float 型变量，则以下不合法的赋值语句是（　　）。

    A．++x;   B．y=(x%2)/10;   C．x*=y+8;   D．x=y=0;

10．与数学表达式 $\dfrac{9x^n}{2x-1}$ 对应的 C 语言表达式是（　　）。

    A．9*x^n/(2*x−1)   B．9*x**n/(2*x−1)

    C．9*pow(x,n)*(1.0/(2*x−1))   D．9*pow(n,x)/(2*x−1)

11．若有代数式 $\dfrac{3ab}{cd}$，假设 a、b、c、d 都是小数，则不正确的 C 语言表达式是（　　）。

    A．a/c/d*b*3   B．3*a*b/c/d

    C．3*a*b/c*d   D．a*b/d/c*3

12．在 C 语言中，要求运算数必须是整数的运算符是（　　）。

    A．/   B．++   C．*=   D．%

13. 若有定义 "int m=5; float x=3.9, y=4.7;"，则表达式 x+m%4*(int)(x+y)%3/5 的值是（ ）。

    A. 3.9   B. 4.3   C. 4.7   D. 5

14. 在 C 语言中，char 型数据在内存中的存储形式是（ ）。

    A. 补码   B. 反码   C. 原码   D. ASCII 码

15. 设变量 x 为 float 类型，m 为 int 类型，则以下能实现将 x 中的数值保留小数点后两位，并且第 3 位进行四舍五入运算的表达式是（ ）。

    A. x=(x*100+0.5)/100.0   B. m=x*100+0.5, x=m/100.0

    C. x=x*100+0.5/100.0   D. x=(x/100+0.5)*100.0

16. 设有定义 "int k=0;"，以下选项的 4 个表达式中与其他 3 个表达式的值不相同的是（ ）。

    A. k++   B. k+=1   C. ++k   D. k+1

17. 表达式 13/3*sqrt(16.0)/8 的数据类型是（ ）。

    A. int   B. float   C. double   D. 不确定

18. 若 x、i、j 和 k 都是 int 型变量，则执行下面表达式后 x 的值为（ ）。

```
x=(i=4,j=16,k=32)
```

    A. 4   B. 16   C. 32   D. 52

19. 以下 4 个程序中，完全正确的是（ ）。

    A. #include "stdio.h"   B. #include "stdio.h"

       void main();   void main()

       {/*programming*/   {/*/programming/*/

       printf("programming!\n");}   printf("programming!\n");}

    C. #include "stdio.h"   D. include "stdio.h"

       void main()   void main()

       {/*/*progmmmfug*/*/   {/*programming*/

       printf("programming!\n");}   printf("programming!\n");}

20. 若 x=0，y=3，z=3，则以下表达式的值为 0 的是（ ）。

    A. !x   B. x<y? 1:0   C. x%2&&y==z   D. y=x||z/3

21. 以下运算符中优先级最低的运算符为（ ）。

    A. &&   B. !   C. !=   D. ?:

22. 在 C 语言中，代表逻辑值为 "真" 的是（ ）。

    A. true   B. 大于 0 的数

    C. 非 0 整数   D. 非 0 的数

23. 能正确表示逻辑关系 "a≥10 或 a≤0" 的 C 语言表达式是（ ）。

    A. a>=10 or a<=0   B. a>=0|a<=10

    C. a>=10 &&a<=0   D. a>=10 ‖ a<=0

24. 判断 char 型变量 c1 是否为大写英文字母的表达式为（ ）。

    A. 'A'<=c1<='Z'   B. (c1>='A') & (c1<='Z')

    C. ('A'<=c1)AND ('Z'>=c1)   D. (c1>='A')&& (c1<='Z')

25. 设有语句 "int a=4;b=3,c= −2,d=2;"，则逻辑表达式 a>0&&b&&c<0&&d>0 的值是（ ）。

A. 1　　　　　　B. 0　　　　　　C. −1　　　　　D. 出错

26. 设 a 为整型变量，则不能正确表达数学关系 10＜a＜15 的 C 语言表达式是（　　）。

    A. 10<a<15　　　　　　　　B. a==11||a==12||a==13|a==14

    C. a>10&&a<15　　　　　　　D. !(a<=10)&&!(a>=15)

二、填空题

1. 请定义一个变量保存 1! +2! +3! +…+20!的值，变量定义的语句是＿＿＿＿＿＿＿。

2. 数学表达式 $\dfrac{1}{2}\left(ax+\dfrac{a+x}{4a}\right)$ 的 C 语言表达式为＿＿＿＿＿＿＿。

3. 定义 "double x=3.5,y=3.2;"，则表达式(int)x*0.5 的值是＿＿＿＿＿＿＿，表达式 y+=x++的值是＿＿＿＿＿＿＿。

4. 设 a=2，b=3，x=3.5，y=2.5，则(float)(a+b)/2+(int)x%(int)y 为＿＿＿＿＿＿＿。

5. 已知 a、b、c 分别是一个十进制整数的百位、十位、个位，则该数的表达式是＿＿＿＿＿＿＿。

6. 已知 "char w; int x; int x; float y; double z;"，则表达式 w*x+z−y 的结果类型是＿＿＿＿＿＿＿。

7. 已知 int x=6，则执行 "x+=x−=x*x;" 语句后，x 的值为＿＿＿＿＿＿＿。

8. 表达式 "x=3,y=x+2,z=y*4" 的值是＿＿＿＿＿＿＿。

9. 数学公式 $y=\sin 30^{\circ}$ 的 C 语言表达式是＿＿＿＿＿＿＿。

三、读程序写结果

1. 写出以下程序的运行结果。

```c
#include"stdio.h"
void main()
{   int x=10,y=3;
    printf("%d, %d \n", x/y,x%y);
}
```

2. 有以下程序，当输入 5，2 时，运行结果是什么？

```c
#include"stdio.h"
void main()
{
    int a,b;
    float f;
    scanf("%d,%d",&a,&b);
    f=a/b;
    printf("f=%f",f);
}
```

3. 有以下程序，若输入 ab<回车>，则运行结果是什么？

```c
#include"stdio.h"
void main()
{
    char c1,c2;
    scanf("%c%c",&c1,&c2);
    ++c1;
```

```
        --c2;
        printf("c1=%c,c2=%c",c1,c2);
    }
```

4. 写出以下程序的运行结果。

```
#include <stdio.h>
void main()
{
    int m,n,i,j;
    m=12;n=7;
    i=++m;
    j=n++;
    printf("m=%d,n=%d,i=%d,j=%d\n",m,n,i,j);
}
```

【习题参考答案】

一、选择题

| 1~5: | D C C B D | 6~10: | B A C B C |

| 11~15: | C D A D B | 16~20: | A C C B C |

| 21~25: | D D D D A | 26: | A |

二、填空题

1. double   sum;

2. 1.0/2*(a*x+(a+x)/4.0/a)或 1.0/2*(a*x+(a+x)/(4.0*a))

3. 1.5   6.7

4. 3.5

5. a*100+b*10+c

6. double 类型

7. −60

8. 20

9. y=sin(3.14*30/180)

三、读程序写结果

1. 3，1

2. 2.000000

3. c1=b,c2=a

4. m=13,n=8,i=13,j=7

第 3 章

结构化程序设计

【典型例题解析】

一、选择题

1. 若变量已正确定义为 int 型，要通过语句 "scanf("%d,%d,%d",&a,&b,&c);" 给 a 赋值 1，给 b 赋值 2，给 c 赋值 3，则以下输入形式中错误的是（   ）。（_代表一个空格符）

　　A. _ _1,2,3<回车>　　　　　　　　　B. 1_2_3<回车>

　　C. 1,_ _2,_ _3<回车>　　　　　　　D. 1,2,3<回车>

答案：B

解析：本题考查的是 scanf 输入函数的格式说明问题。输入函数的输入控制（双引号之间的内容），除 "%" 外，若含有其他字符，则在输入数据时一定要一一对应地输入这些字符，本题双引号之间含有逗号，因此输入数据之间必须输入逗号。此外，还要注意逗号不是分隔符，如果双引号之间没有逗号，那么输入数据时就不能用逗号。故答案为 B。

2. 有以下程序

```
#include "stdio.h"
void main()
{
    char c1,c2,c3,c4,c5,c6;
    scanf("%c%c%c%c",&c1,&c2,&c3,&c4);
    c5=getchar();        c6=getchar();
    putchar(c1);         putchar(c2);
    printf("%c%c\n",c5,c6);
}
```

程序运行后，若从键盘输入（从第 1 列开始）

```
123<回车>
45678<回车>
```

则输出结果是（   ）。

　　A. 267　　　　　　B. 1256　　　　　　C. 1278　　　　　　D. 1245

答案：D

解析：本题考查的是数据输入、输出问题。执行语句 "scanf("%c%c%c%c",&c1,&c2,&c3,&c4);"

当从键盘输入 123<回车>时，c_1 的值为'1'，c_2 的值为'2'，c_3 的值为'3'，c_4 的值为<回车>。执行 "c5=getchar(); c6=getchar();" 两条语句，getchar()为从键盘接收单个字符的函数，由于从键盘输入 45678<回车>，因此 c_5 的值为'4'，c_6 的值为'5'，putchar 为输出单个字符的函数。故答案为 D。

3．阅读以下程序，若运行结果为以下形式，则输入、输出语句的正确内容是（   ）。

```
void main()
{   int x; float y;
    printf("enter x,y:")
    输入语句
    输出语句
}
```

输入语句　　enter x,y: 2 3.4
输出语句　　x+y=5.40

A．scanf("%d,%f",&x,&y);printf("\nx+y= %4.2f",x+y);

B．scanf("%d%f",&x,&y);printf("\nx+y=%4.2f",x+y);

C．scanf("%d%f",&x,&y); printf("\nx+y=%6.lf",x+y);

D．scanf("%d%3.1f",&x,&y);printf("\nx＋y=%4.2f",x+y);

答案：B

解析：本题考查的是 printf、scanf 函数的使用。由于输入的两个数 2 3.4 之间是用空格隔开的，因此在 scanf 的格式说明字符串中不能有其他字符，因为选项 A 中有逗号，所以选项 A 错误。输出结果 5.40 说明保留了 2 位小数，printf 中的格式说明字符串应含有%.2f，所以选项 C 错误。scanf 的格式说明字符串中不能有精度限制%3.1f，所以选项 D 错误。故答案为 B。

4．分析以下程序，下列说法正确的是（   ）。

```
#include <stdio.h>
void main()
{
    int x=5,a=0,b=0;
    if(x=a+b) printf("* * * *\n");
    else  printf("# # # #\n");
}
```

A．有语法错，不能通过编译　　　　B．通过编译，但不能链接

C．输出＊＊＊＊　　　　　　　　　　D．输出####

答案：D

解析：本题考点为 if 语句。if 语句后面常见的表达式为关系表达式和逻辑表达式，但也可以是其他类型的表达式，这一点往往会被 C 语言初学者忽略。对于关系表达式和逻辑表达式，值为 0 按"假"处理，值为 1 按"真"处理。对于其他类型的表达式，数值类型可以是整型、实型、字符型、指针型数据等。求解后只要结果不是 0，就按"真"处理，只有在结果为 0 的情况下，才按"假"处理。本题中，if 语句后面的表达式为赋值表达式，赋值后 x 的值为 0，if 语句后面的表达式的值也为 0，按"假"处理，执行 else 语句，故答案为 D。

5．分析以下程序，下列说法正确的是（   ）。

```
#include <stdio.h>
void main()
```

```
{
    int x=0,a=0,b=0;
    if(x==a+b) printf("* * * *\n");
    else  printf("# # # #\n");
}
```

A. 有语法错，不能通过编译 B. 通过编译，但不能链接

C. 输出＊＊＊＊ D. 输出＃＃＃＃

答案：C

解析：本题与上题仅有一个运算符的区别，但 if 语句后面的表达式为常见的逻辑表达式，结果为真，执行 if 语句，故答案为 C。

6．若 a 和 b 均是正整数型变量，则以下正确的 switch 语句是（   ）。

A. switch (pow(a,2)+pow(b,2))   (注：调用求幂的数学函数)

　　{ case   1: case 3: y=a+b; break ;

　　　case   0: case 5: y=a–b;　　}

B. switch (a*a+b*b);

　　{ case 3:

　　case 1: y=a+b; break ;

　　case 0: y=b–a; break;　　　}

C. switch a

　　{ default : x=a+b;

　　case   10 : y=a–b;break;

　　case   11 : y=a*d; break; }

D. switch(a+b)

　　{case   10: x=a+b; break;

　　case   11: y=a–b; break;　　}

答案：D

解析：本题考察的知识点是 switch 的语法。选项 A 错误，"pow(a,2)+pow(b,2),"此表达式的结果为 double 类型，switch 后面括号中只能是整型或字符型。选项 B 错误，"switch (a*a+b*b);"错在 switch 之后不能加分号。选项 C 错误，"switch a"改为"switch (a)"即可。各个 case 和 default 的出现次序不影响执行结果，故答案为 D。

7．以下程序的输出结果是（   ）。

```
int k,j,s;
for (k=2;k<6;k++,k++)
{
    s=1;
    for (j=k; j<6; j++) s+=j;
}
printf("%d\n",s);
```

A. 9   B. 1   C. 11   D. 10

答案：D

解析：本题考点为循环嵌套。循环嵌套的执行规律是：外层循环每执行 1 步，内层循环要执行 1 圈。当外循环的 k 为 2 时，内循环 s=1，之后内循环将使 s 赋值为 1+(2+3+4+5)，内循环 1 圈执行完毕。执行外循环的表达式 3（k++,k++），然后 k 为 4，外循环的表达式 2（k<6）为真，再次进入外循环的循环体，内循环 s=1，之后内循环将使 s 赋值为 1+(4+5)=10，内循环 1 圈执行完毕。执行外循环的表达式 3（k++,k++），然后 k 为 6，外循环的表达式 2（k<6）为假，退出外循环，执行 "printf("%d\n",s);" 输出 10，故答案为 D。

8. 以下程序的输出结果是（　　）。

A. 12　　　　　　　B. 15　　　　　　C. 20　　　　　　D. 25

```
int i,j,m=0;
for (i=1;i<=15;i+=4)
for (j=3;j<=19;j+=4)m++;
printf("%d\n",m);
```

答案：C

解析：本题考点为循环嵌套。循环嵌套的执行规律是：外层循环每执行 1 步，内层循环要执行 1 圈。循环过程如下。故答案为 C。

```
i=1   j=3,7,11,15,19  m=5
i=5   j=3,7,11,15,19  m=10
i=9   j=3,7,11,15,19  m=15
i=13  j=3,7,11,15,19  m=20
i=17  退出
```

9. 以下程序段的输出结果是（　　）。

```
int n=10 ;
while (n>7)
{
    n--;
    printf("%d\n",n);
}
```

A. 10　　　　　　　B. 9　　　　　　C. 10　　　　　　D. 9
　　9　　　　　　　　8　　　　　　　　9　　　　　　　　8
　　8　　　　　　　　7　　　　　　　　8　　　　　　　　7
　　　　　　　　　　　　　　　　　　　7　　　　　　　　6

答案：B

解析：当 n=10 时，n>7 为真，执行 n-- 后 n 为 9，在执行 printf("%d\n",n) 时，n 为 9。

当 n=9 时，n>7 为真，执行 n-- 后 n 为 8，在执行 printf("%d\n",n) 时，n 为 8。

当 n=8 时，n>7 为真，执行 n-- 后 n 为 7，在执行 printf("%d\n",n) 时，n 为 7。

当 n=7 时，n>7 为假，退出循环。故答案为 B。

10. 以下程序的输出结果是（　　）。

A. 1　　　　　　　B. 30　　　　　　C. 1 –2　　　　　D. 死循环

```
int x=3;
do
{
```

```
        printf("%3d",x-=2);
    }while (!(--x));
```

答案：C

解析：本题考点为 do-while 循环。当 x=3 时，无须判断直接进入循环，执行 x-=2，打印出 x 的值为 1。判断 while (!(--x))时，由于"--"在前，因此--x 先减，减后 x 的值为 0，!0 是真，所以再次进入循环。进入循环后，执行 x-=2，打印出 x 的值为-2。判断 while (!(--x)) 时，-3 非 0 为真，所以!(-3)是假，结束循环。故答案为 C。

11．以下程序的输出结果是（　　）。

A．741　　　　　　　B．852　　　　　　　C．963　　　　　　　D．875421

```
#include <stdio.h>
void main()
{
    int y=10;
    for ( ;y>0;y--)
    if (y%3==0)
        { printf("%d",--y); continue; }
}
```

答案：B

解析：本题考点为 for 循环。for 循环的一般形式为

for　（表达式 1；表达式 2；表达式 3）　{循环体}

本题中表达式 1 省略，但分号不能省，这是合法的形式。表达式 1、表达式 2 和表达式 3 都可以省略，省略时的具体含义请查阅有关参考书。当初值 y=10 时，y>0 为真，进入循环体，当执行 if (y%3==0)时，条件为假，所以不执行 if 的后续语句{ printf("%d",--y); continue;}，直接进入表达式 3 执行 y--。当 y=8、7、5、4、2、1 时，均是上述情况。而当 y=9 时，y>0 为真，进入循环体，当执行 if (y%3==0)时，条件为真，执行 if 的后续语句{ printf("%d",--y); continue;}输出 8，执行 continue 后进入表达式 3 执行 y--。当 y=6 和 3 时，情况同上，分别输出 5 和 2。当 y=0 时，退出循环。故答案为 B。

12．以下程序的输出结果是（　　）。

A．*#*#*#$　　　　B．#*#*#*$　　　　C．*#*#$　　　　D．#*#*$

```
#include <stdio.h>
void main( )
{
    int i;
        for (i=1;i<=5;i++)
    { if (i%2) printf("*");
        else  continue;
        printf("#");
    }
    printf("$\n");
}
```

答案：A

解析：本题的考点是 for 循环和 continue。continue 的作用是结束本次循环，即跳过循环体中下面尚未执行的语句，接着判定是否执行下一次循环。continue 和 break 的区别是：continue 的作用是结束本次循环，而不是终止整个循环过程；break 语句则是结束整个循环过程，不再判断循环条件是否成立。

本题中，当 i=1 时，i<=5 为真，进入循环体，i%2 为真，执行 printf("*")，跳过 else 分句，执行 printf("#")。当 i=3、5 时，情形与此类似。而当 i=2 时，i<=5 为真，进入循环体，i%2 为假，执行 else 分句后的 continue，结束本次循环，然后执行 i++，接着判定是否执行下一次循环。当 i=4 时，情形与此类似。而当 i=6 时，i<=5 为假，跳出循环体，执行循环体之后的 printf("$\n")，所以输出结果为*#*#*#$。故答案为 A。

13．设 i 和 x 都是 int 类型，则以下 for 循环语句（　　）。

```
for(i=0,x=0;i<=9&&x!=876;i++) scanf("%d",&x);
```

A．最多执行 10 次　　　　　　　　　　B．最多执行 9 次
C．是无限循环　　　　　　　　　　　　D．循环体一次也不执行

答案：A

解析：本题考点为 for 语句。一般情况下 for 语句括号内有 3 个表达式。此题中表达式 1 为逗号表达式，逗号表达式在此不是求解结果，而是利用逗号表达式的求解过程依次为变量 i 和 x 赋值。表达式 2 为循环条件，此处为一个逻辑表达式，只有在逻辑表达式的两边都是真的情况下，循环条件才为真。在每次输入均不为 876 的情况下，循环次数由 i 的值决定，为 10 次。在任意一次循环中若给 x 输入的值为 876，则在下次进行循环判断时，将导致表达式 2 为假，因此结束循环，因此最多执行 10 次。故答案为 A。

14．下述 for 循环语句（　　）。

```
int i,k;
for(i=0,k=-1;k=1;i++,k++) printf("* * * *");
```

A．判断循环结束的条件非法　　　　　　B．是无限循环
C．只循环一次　　　　　　　　　　　　D．一次也不循环

答案：B

解析：本题考点为 for 语句。一般情况下 for 语句括号内有 3 个表达式。此题中表达式 1 为逗号表达式，逗号表达式在此不是求解结果，而是利用逗号表达式的求解过程依次为变量 i 和 k 赋值。表达式 2 为循环条件，表达式 2 常见的形式为关系表达式和逻辑表达式，但也可以是其他类型的表达式，这一点往往会被 C 语言初学者忽略。对于关系表达式和逻辑表达式，值为 0 按"假"处理，值为 1 按"真"处理。对于其他类型的表达式，求解后只要结果不是 0，就按"真"处理，只有在结果为 0 的情况下，才按"假"处理。此题中表达式 2 为赋值表达式，k=1 同时也使得表达式 2 为真且永远为真，这样循环永不停止，即死循环，故答案为 B。

15．分析以下程序，则以下说法中正确的是（　　）。

```
int k=-20;
while(k=0) k=k+1;
```

A．while 循环执行 20 次　　　　　　　　B．此循环是无限循环
C．循环体语句一次也不执行　　　　　　D．循环体语句执行一次

答案：C

解析：本题考点为 while 语句。while 语句后所跟表达式常见的形式为关系表达式和逻辑表达式，但也可以是其他类型的表达式，这一点往往会被 C 语言初学者忽略。对于关系表达式和逻辑表达式，值为 0 按"假"处理，值为 1 按"真"处理。对于其他类型的表达式，求解后只要结果不是 0，就按"真"处理，只有在结果为 0 的情况下，才按"假"处理。本题中 while 后所跟表达式为赋值表达式，不论 k 在别处变成任何值，k=0 每次都使得 k 的值为 0，即为"假"，故循环体一次也不执行，故答案为 C。

16. 若有"int a=1,x=1;"，则循环语句"while(a<10) x++; a++;"执行（ ）。

A．无限次　　　　　　B．不确定次　　　　　C．10 次　　　　　　D．9 次

答案：A

解析：本题考点为 while 语句。做此题的时候请读者注意区分 while 语句的循环体，若 while 后无"{}"，则 while 的控制范围到第一个分号为止，所以本题当中 while 的控制范围到 x++ 为止，也就是说 a 的值一直保持为 1，(a<10) 一直为真，是死循环。而语句"a++;"作为 while 循环的后续语句，与 while 循环的关系为顺序关系，while 循环无法结束，语句"a++;"永远得不到执行。若将本题改为"while(a<10) {x++; a++;}"，则 while 的控制范围是 {x++; a++;}，此时循环体在 a 的值为 1～9 时，执行 9 次。故答案为 A。

17. 下列循环语句中有语法错误的是（ ）。

A．while(x=y) 5;　　　　　　　　　　　B．while(0) ;

C．do 2;while(x= =b);　　　　　　　　D．do x++ while(x= =10);

答案：D

解析：本题考点为 while 语句和 do-while 语句的语法。选项 A 正确，"x=y"作为一个赋值表达式可以出现在 while 后面的表达式当中，只要值非 0，就当作"真"，循环体语句为一个常量表达式，虽然没有什么实际意义，但也是合法的。选项 B 正确，0 作为一个常量表达式可以出现在 while 后面的表达式当中，值为 0，当作"假"来处理，循环体语句为空。选项 C 正确，2 作为一个常量表达式可以出现在 do-while 的循环体中，虽然没有什么实际意义，但也是合法的。选项 D 错误，语句"x++"之后应该加分号。故答案为 D。

18. 执行语句 for (i=0; i++<3;)后，变量 i 的值为（ ）。

A．2　　　　　　　　B．3　　　　　　　　C．4　　　　　　　　D．5

答案：C

解析：本题考点为 for 语句和自加运算符。进入循环，i 为 0，"++"在后，所以先比较再自加，"i++<3"等价于"i<3; i++;"，"0<3"为"真"，i 变为 1，循环体以及表达式 3 均为空，所以若继续循环则要判断"i++<3"。"1<3"循环条件为"真"，之后 i 自加变为 2，循环体以及表达式 3 均为空，继续循环再次判断"i++<3"。"2<3"循环条件为"真"，之后 i 自加变为 3，循环体以及表达式 3 均为空，继续循环再次判断"i++<3"。"3<3"循环条件为"假"，退出循环，但自加还要完成，之后 i 自加变为 4。所以执行语句"for (i=0; i++<3;)"后，变量 i 的值为 4，故答案为 C。

19. 执行语句"{for(j=0;j<=3;j++) a=1;}"后，变量 j 的值是（ ）。

A．0　　　　　　　　B．3　　　　　　　　C．4　　　　　　　　D．1

答案：C

解析：本题考点为 for 语句的语法，一般格式为

```
for(表达式 1;表达式 2;表达式 3)    循环体;
```

for 的执行顺序是执行表达式 1，判断表达式 2，若表达式 2 为"真"，则进入执行循环体，循环体执行完毕后，勿忘执行表达式 3，然后再次进入表达式 2 进行判断，若为"真"则再次进入循环体，若为"假"则结束循环。本题中，当 j=3 时，不足以结束循环，只有当表达式 3 的 j++ 完成后使得 j 的值为 4，才能使表达式 2 为"假"，从而退出循环。故答案为 C。

二、读程序写结果

1. 写出以下程序的输出结果。（用_表示空格）

```
void main ( )
{
    int a=12345;  float b=-198.347, c=6.5;
    printf("a=%4d,b=%_10.2f,c=%6.2f\n",a,b,c);
}
```

答案：a=12345,b= −198.35___,c=_____6.50

解析：本题考查的是 printf 函数的格式控制符的使用。%4d 说明十进制整数的格式，最小占 4 列，不够左边补空格（右对齐），若整数超过 4 列，则按实际长度输出。%−10.2f 说明小数的格式，保留 2 位小数（可以进行四舍五入），最小占 10 列，符号"−"说明不够 10 列，右边补空格（左对齐）。

2. 写出以下程序的输出结果。

```
#include <stdio.h>
(1) void main()
(2) { int x=1,y=1,z=10;
(3) if(z<0)
(4) if(y>0) x=3;
(5) else  x=5;
(6) printf("%d\t",x);
(7) if(z=y<0)  x=3;
(8) else if(y==0) x=5;
(9) else x=7;
(10) printf("%d\t",x);
(11) printf("%d\t",z);
(12) }
```

答案为：1   7   0

解析：本题考点为 if 语句的嵌套。因为（3）行处 if 后面的关系表达式为"假"，所以不执行（4）和（5）行处嵌套的 if 语句，顺序向下执行（6）处的 printf 语句，打印出 x 的值为 1。接下来执行（7）处语句，请注意此处 if 后面的为赋值表达式而不是常见的关系表达式和逻辑表达式。因为执行后 z 的值为 0，按"假"处理，所以执行（8）处的 else 语句，该 else 语句又嵌套了一个 if 语句。（8）处的 if 语句为"假"，执行（9）处的 else 语句，x 的值为 7。接下来顺序执行（10）与（11）处的语句即可。

3. 写出以下程序的输出结果。

```
#include <stdio.h>
```

```
(1) void main()
(2) {
(3) char x='B';
(4) switch(x)
(5) {
(6) case 'A': printf("It is A.");
(7) case 'B': printf("It is B.");
(8) case 'C': printf("It is C.");
(9) default: printf("other.");
(10) }
(11) }
```

答案为：It is B. It is C. other.

解析：本题考点为 switch 语句。switch 语句中可以有 break，也可以没有 break。执行完一个 case 后面的语句后，若此 case 语句后没有 break，则"case 常量表达式"只是起语句标号的作用，作为一个匹配的入口标号，从该标号开始执行，而不是像 if 语句那样进行非此即彼的判断。于是本题中 x 的值为'B'，进入标号为'B'的 case 语句，执行"printf("It is B.");"由于后面没有 break，因此继续向下执行"printf("It is C.")"，仍然没有 break，继续向下执行 default 后面的语句"printf("other.")"。

4. 写出以下程序的输出结果。

```
#include <stdio.h>
(1) void  main()
(2) { int x=1,y=0,a=0,b=0;
(3) switch(x)
(4) { case 1: switch(y)
(5) { case 0: a++;break;
(6)  case 1: b++;break;
(7) }
(8) case 2: a++;b++;break;
(9) case 3: a++;b++;
(10) }
(11) printf("a=%d,b=%d\n",a,b);
(12) }
```

答案为：a=2,b=1

解析：本题考点为 switch 语句。switch 语句中可以有 break，也可以没有 break。（4）处 case 语句中嵌套了 switch 语句，（5）（6）处的 case 语句均有 break。由于（9）处与（4）处 case 语句的结尾无 break，因此向下继续执行（8）处语句，后跟 break，所以跳出 switch 语句执行（11）处。

5. 指出下面 3 个程序的功能，当输入为"quert?"时，它们的执行结果分别是什么？

```
(1) #include <stdio.h>
    void main()
    {
        char c;
        c=getchar();
```

```
            while (c!='?')
            {
                putchar(c);
                c=getchar();
            }
        }
(2) #include <stdio.h>
    void main()
    { char c;
      while ((c=getchar())!='?')
          putchar(++c);
    }
(3) #include <stdio.h>
    void main()
    {
        while (putchar(getchar())!='?');
    }
```

答案：（1）quert　　（2）rvfsu　　（3）quert?

解析：本题考点为 while 语句，且包括非常类似的 3 个程序。putchar 函数向终端（如显示器）输出一个字符，getchar 从终端（如键盘）输入一个字符。

（1）此程序在接收的字符不为'?'的情况下才进入 while 循环体，进而输出先前输入的字符，所以输入的"quert?"除'?'外全部输出，输出结果为"quert"。

（2）此程序在 while 循环条件内完成 getchar()并赋给 c，再判断是否等于'?'。所以不等于'?'的所有字符都可以使循环条件为"真"，进入循环体，输出++c。因为"++"在前，故先加再输出，加的是对应字符的 ASCII 码，q 的 ASCII 码为 113，故加后为 114，putchar()输出的是 ASCII 码为 114 对应的字符'r'，以此类推，输出结果为"rvfsu"。因为'?'使得循环条件为"假"，故不进入循环体，从而不输出。

（3）因为前两个程序都是在循环条件为"真"的条件下才进行输出，故'?'无法输出。而此程序是在输出完毕后才进行循环条件的判断，所以即使对于'?'字符，也是输出完毕后才判断循环条件为"假"，终止循环。故输出结果为"quert?"。

6．写出以下程序的输出结果。

```
    #include <stdio.h>
(1) void main()
(2) { int i;
(3) for(i=1;i<=5;i++)
(4) { if(i%2)
(5) putchar('<');
(6) else
(7) continue;
(8) putchar('>');
(9) }
(10) putchar('#');
(11) }
```

答案：<><><>#

解析：本题的难点在于程序的控制结构。当 i 为奇数时，（4）处 if 条件为真，输出 "<"，接下来应该执行（8）处的 putchar('>')。而当 i 为偶数时，（4）处 if 条件为假，转而执行 else 分句的从属语句（7），continue 结束本次循环体中未完成部分，继续执行（3）处的 i++，继而转入下次循环的判断条件。所以当 i 的值为 1、3、5 时，分别依次输出 "<""">"，而当 i 的值为 2 和 4 时，没有字符输出。所以本题的输出结果为< >< >< >#。

7. 写出以下程序的输出结果。

```
#include <stdio.h>
(1) void main()
(2) { int i,j,k;
(3) char space=' ';
(4) for (i=0;i<=5;i++)
(5) {  for (j=1;j<=i;j++)  printf("%c",space);
(6) for (k=0;k<=5;k++)  printf("%c",'*');
(7) printf("\n");
(8) }
(9) }
```

答案：输出结果为

```
******
 ******
  ******
   ******
    ******
     ******
```

解析：本题考点为循环嵌套。（4）处的 for 语句为最外层循环，内层嵌套了 2 个顺序执行的 for 语句（5）（6）。（4）处决定了将输出（6）处内容。（5）处输出的 "　"（空格）的个数由 i 的值决定，所以每行输出空格的个数依次为 0、1、2、3、4、5。（6）处在每行空格输出完毕后输出 "*"，"*" 的个数是固定的，每行都输出 6 个。

8. 写出以下程序的输出结果。

```
#include <stdio.h>
void main(  )
{
    int x=2;
    while (x--);
    printf("%d\n",x);
}
```

答案：–1

解析：本题考点为 while 循环。注意 while 循环的一般格式为 "while(表达式) 循环体;"，因为本题中循环体为空，所以 while (表达式)后直接带分号，但是请大家不要误以为 while (表达式)后总是直接带分号。在 x--中，"--" 在后，所以语句中对 x 总是先判后减。最后当 x=0 时，循环条件为 "假"，结束循环，然后 x 自减为–1。所以答案为–1。

9. 写出以下程序段的输出结果。

```
        #include <stdio.h>
(1) void main( )
(2) {
(3) int n=0;
(4) while(n<=3)
(5) switch(n)
(6) { case 0 : ;
(7) case 1 : printf("%d,",n);
(8) case 2 : printf("%d,",n); n=n+3; break;
(9) default: printf("**");n=n+1;;
(10) }
(11) }
```

答案：0,0,**

解析：本题把 while 循环、switch 语句和 break 语句结合在一起，while 循环中内嵌 switch 语句，switch 语句中又包含 break 语句。break 语句只能出现在循环和 switch 语句当中，出现在循环中意味着循环的终止；出现在 switch 语句中意味着 switch 结构的终止。就本题而言，因为 break 语句出现在 switch 语句中，所以终止的是 switch 结构，外层的 while 循环不受影响。n 初值为 0，（4）处表达式为"真"，进入循环体，此处循环体实际就是 switch 结构。进入 switch 结构后，因为在（6）与（7）处无 break，所以依次执行（6）、（7）、（8），n 值变为 3 后，遇 break 从而退出 switch 结构，再次返回（4）处判断循环条件为"真"，又进入循环体 switch 结构，无匹配值，执行（9）处语句，n 的值变成 4 后退出 switch 结构，又返回（4）处判断循环条件为"假"，退出循环，程序结束。故运行结果为 0,0,**。

【习题】

一、选择题

1. 已知"int a, b;"，当用语句"scanf("%d%d",& a ,&b);"输入 a、b 的值时，不能作为输入数据分隔符的是（   ）。

   A. .,   B. 空格   C. 回车   D. tab 键

2. 有以下程序，当运行时输入 a<回车>后，以下叙述正确的是（   ）。

```
        #include <stdio.h>
        void main()
        {
            char c1='1',c2='2';
            c1=getchar();c2=getchar();putchar(c1);putchar(c2);
        }
```

   A. 变量 c1 被赋予字符 a，c2 被赋予回车符

   B. 程序将等待用户输入第 2 个字符

   C. 变量 c1 被赋予字符 a，c2 中仍是原有字符 2

   D. 变量 c1 被赋予字符 a，c2 中将无确定值

3. 已知 i,j,k 为 int 型变量，若从键盘输入 1,2,3<回车>，使 i 的值为 1，j 的值为 2，k 的

值为 3，则以下选项中正确的输入语句是（　　）。

  A．scanf("%2d%2d%2d",&i,&j,&k);   B．scanf("%d_%d_%d",&i,&j,&k);

  C．scanf("%d,%d,%d",&i,&j,&k);   D．scanf("i=%d,j=%d,k=%d",&i,&j,&k);

4．已知如下定义和输入语句，若要求 a1、a2、c1 和 c2 值分别为 10、20、A 和 B，则当从第一列开始输入数据时，正确的数据输入方式是（　　）。

```
int a1,a2; char c1,c2;
scanf("%d%c%d%c",&a1,&c1,&a2,&c2);
```

注意：_表示空格，<CR>表示回车。

  A．10A_20B<CR>   B．10_A_20_B<CR>

  C．10A,20B<CR>   D．10A20_B<CR>。

5．阅读以下程序，当输入数据的形式为 25,13,10<CR>时，正确的输出结果为（　　）。

```
void main()
{   int x,y,z
    scanf("%d%d%d",&x,&y,&z );
    printf("x+y+z=%d\n ,x+y+z);。
}
```

  A．x+y+z=48   B．x+y+z=35 C．x+z=35   D．不确定值

6．在下面的条件语句中（其中 s1 和 s2 表示是 C 语言的语句），只有一个语句在功能上与其他 3 个语句不等价，它是（　　）。

  A．if(a) s1；else s2;   B．if(a= =0) s2；else s1;

  C．if(a!=0) s1；else s2;   D．if(a= =0) s1；else s2;

7．假定所有变量均已正确定义，则下列程序运行后 y 的值是（　　）。

```
int a=0,y=10;
if(a=0) y--;
else if(a>0) y++;
else y+=y;
```

  A．20   B．11   C．9   D．0

8．假定所有变量均已正确定义，则下列程序运行后 x 的值是（　　）。

```
a=b=c=0; x=35;
if(!a) x--;
else if(b);
if(c) x=3;
else x=4;
```

  A．34   B．4   C．35   D．3

9．C 语言对嵌套 if 语句的规定是：else 语句总是与（　　）配对。

  A．其之前最近的 if   B．第一个 if

  C．缩进位置相同的 if   D．其之前最近的且尚未配对的 if

10．在 C 语言语句中，用来决定分支流程的表达式是（　　）。

  A．可用任意表达式   B．只能用逻辑表达式或关系表达式

C. 只能用逻辑表达式　　　　　　　D. 只能用关系表达式

11. 以下程序的输出结果是（　　）。

```
#include <stdio.h>
void main()
{
    int x=0,a=0,b=0;
    switch(x)
    {
        case 0:  b++;
        case 1:  a++;
        case 2:  a++;b++;
    }
    printf("a=%d,b=%d\n",a,b);
}
```

A. a=2,b=1　　　　B. a=1,b=1　　　C. a=1,b=0　　　D. a=2,b=2

12. 以下程序的输出结果是（　　）。

```
#include <stdio.h>
void main()
{
    int x=-10,y= 1,z=1;
    if(x<y)
    if(y<0) z=0;
    else z=z+1;
    printf("%d\n",z);
}
```

A. 0　　　　　　　　B. 1　　　　　　　C. 2　　　　　　　D. 3

13. 以下程序的输出结果是（　　）。

```
int a=10,b=50,c=30;
if(a>b)
a=b;
b=c;
c=a;
printf("a=%2d b=%2d c=%2d\n",a,b,c);
```

A. a=10 b=50 c=10　　　　　　　　B. a=10 b=30 c=10
C. a=50 b=30 c=10　　　　　　　　D. a=50 b=30 c=50

14. 若 "int i=10;"，则执行以下程序后，变量 i 的值是（　　）。

```
switch ( i )
{
    case  9:  i+=1;
    case 10:  i+=1;
    case 11:  i+=1;
    default :   i+=1;
}
```

A. 13　　　　　B. 12　　　　　C. 11　　　　　D. 10

15. 以下程序的输出结果是（　　）。

```
int a,b,c;
a=7;b=8;c=9;
if(a>b)
    a=b,b=c;c=a;
printf("a=%d b=%d c=%d\n",a,b,c);
```

A. a=7 b=8 c=7　　B. a=7 b=9 c=7　　C. a=8 b=9 c=7　　D. a=8 b=9 c=8

16. 以下程序的运行结果是（　　）。

```
#include <stdio.h>
void main()
{
    int a,b,c;
    a=2;b=7;c=5;
    switch(a>0)
    {
        case 1:
            switch(b<10)
            {
                case 1:printf("^");break;
                case 0:printf("!");break;
            }
        case 0:
            switch(c==5)
            {
                case 0: printf("*");break;
                case 1: printf("#");break;
                default:printf("%%");break;
            }
        default:
            printf("&");
    }
    printf("\n");
}
```

A. ^#&　　　　　B. ^　　　　　C. &　　　　　D. ^!*#%&

17. 有以下程序，则以下说法中正确的是（　　）。

```
int k=5;
do{
    k--;
}while(k<=0);
```

A. 循环执行 5 次　　　　　　　　B. 该循环是无限循环
C. 循环体语句一次也不执行　　　D. 循环体语句执行一次

18. 下列程序段执行后 k 值为（　　）。

```
int k=0,i,j;
for(i=0;i<5;i++)
for(j=0;j<3;j++)
  k=k+1 ;
```

   A. 15   B. 3   C. 5   D. 8

19. 有以下程序段，则以下说法中不正确的是（　　）。

```
#include <stdio.h>
void main()
{
    int k=2;
    while(k<7)
    {
        if(k%2)
        {
            k=k+3;
            printf("k=%d\n",k);
            continue;
        }
        k=k+1;
        printf("k=%d\n",k);
    }
}
```

   A. k=k+3;执行 1 次   B. k=k+1;执行 2 次
   C. 执行后 k 值为 7   D. 循环体只执行 1 次

20. 在 C 语言中，下列说法中正确的是（　　）。
   A. do-while 语句构成的循环不能用其他语句构成的循环来代替
   B. do-while 语句构成的循环只能用 break 语句退出
   C. do-while 语句构成的循环在 while 后的表达式非零时结束循环
   D. do-while 语句构成的循环在 while 后的表达式为零时结束循环

21. break 语句不能出现在（　　）语句中。
   A. switch   B. for   C. while   D. if-else

22. 对于 break 语句和 continue 语句的说法错误的是（　　）。
   A. break 语句不能用于循环语句和 switch 语句之外的任何其他语句中
   B. break 和 continue 也可以用于 if 语句中
   C. continue 语句只结束本次循环，而不是终止整个循环的执行
   D. break 语句是结束整个循环过程，不再判断执行循环的条件是否成立

23. 以下程序的输出结果是（　　）。

```
#include<stdio.h>
void main()
{
    int  i,sum;
    for (i=1;i<6;i++)
        sum+=sum;
```

```
    printf("%d\n",sum);
}
```

A. 15   B. 14   C. 不确定   D. 0

24. 有以下程序，则 while 循环体执行的次数是（   ）。

```
int  k=0
while(k)k++;
```

A. 无限次   B. 有语法错，不能执行

C. 一次也不执行   D. 执行 1 次

25. 当程序运行时，输入 abcd$abcde↙，下面程序的运行结果是（   ）。

```
#include<stdio.h>
void main()
{
    while(putchar(getchar())!='$');
    printf("end");
}
```

A. abcd$abcde   B. abcd$end   C. abcdend   D. abcd$abcdeend

26. 以下程序段（   ）。

```
x=-1;
do { x=x*x; }
while(x>0);
```

A. 是死循环   B. 循环执行 1 次

C. 循环执行 2 次   D. 有语法错误

27. 以下程序执行后的结果为（   ）。

```
int sum=0, n=10;
do {
        sum=sum+n;
        n++;
    }while(n<10);
printf("%d,%d",sum,n);
```

A. 0, 10   B. 10, 11   C. 0, 11   D. 以上结果都不对

28. 对以下程序的叙述正确的是（   ）。

```
int x=1;
do
{ x= -1*x; }
while(!x)
```

A. 是死循环   B. 循环执行 1 次

C. 循环执行 2 次   D. 有语法错误

29. 循环语句 "for(i=0,x=1;i=10&&x>0;i++);"，循环执行（   ）。

A. 无限次   B. 不确定次   C. 10 次   D. 9 次

30. 有以下程序，则该程序的执行结果是（　　）。

```
#include<stdio.h>
void main()
{
    int i,sum=2;
    for(i=1;i<=3;i+=2)
    sum+=i;
    printf("%d\n",sum);
}
```

A. 6 　　　　　　B. 3 　　　　　　C. 死循环 　　　　D. 4

31. 设 x 和 y 均为 int 型变量，则执行以下的循环后，y 的值为（　　）。

```
for(y=1,x=1;y<=50;y++)
{
    if(x>=0) break;
    if(x%2==1)
    {
        x+=5;
        continue;
    }
    x-=3;
}
```

A. 1 　　　　　　B. 4 　　　　　　C. 6 　　　　　　D. 8

二、读程序写结果

1. 写出以下程序的运行结果。

```
void main ( )
{   char c1='a',c2='b',c3='c',c4='\101',c5='\x30';
    printf("a%c b%c\tc%c\tabc\n",c1,c2,c3);
    printf("%c %c",c4,c5);
}
```

2. 写出以下程序的运行结果。

```
#include <stdio.h>
void main()
{
    int a=-1,b=4,k;
    k=(a++<=0)&&(!(b--<=0));
    printf("%d,%d,%d\n",k,a,b);
}
```

3. 写出以下程序的运行结果。

```
#include <stdio.h>
void main()
{
```

```
        int x=4,y=0,z;
        x*=3+2;
        printf("%d",x);
        x*=(y==(z=4));
        printf("%d",x);
    }
```

4. 写出以下程序的运行结果。

```
    #include <stdio.h>
    void main()
    {   int x,y,z;
        x=3; y=z=4;
        printf("%d",(x>=z>=x)?1:0);
        printf("%d",z>=y && y>=x);
    }
```

5. 当从键盘输入英文字母 A 时，写出程序的运行结果。

```
    #include<stdio.h>
    void main( )
     {
        char ch;
        ch=getchar( );
        switch(ch)
        {
            case  'A' : printf("%c",'A');
            case  'B' : printf("%c",'B'); break;
            default:   printf("%s\n","other");
        }
     }
```

6. 当从键盘输入 5 时，写出程序的运行结果。

```
    #include <stdio.h>
    void main( )
    {   int a=1,b=0;
        scanf("%d",&a);
        switch(a)
        {   case 1: b=1; break;
            case 2: b=2; break;
            default : b=10;
        }
        printf("%d ", b);
    }
```

7. 写出以下程序的运行结果。

```
    #include <stdio.h>
        void main()
        {
```

```
        char grade='C';
        switch(grade)
        {
            case 'A': printf("90-100\n");
            case 'B': printf("80-90\n");
            case 'C': printf("70-80\n");
            case 'D': printf("60-70\n"); break;
            case 'E': printf("<60\n");
            default : printf("error!\n");
        }
    }
```

8. 写出以下程序的运行结果。

```
#include <stdio.h>
void main()
{
    int a,b,c;
    a=3;b=4;c=5;
    if(a>c)
    {a=b;b=c;c=a;}
    else
    {a=c;c=b;b=a;}
    printf("%d,%d,%d\n",a,b,c);
    a=3;b=4;c=5;
    if(a<c
        a=c;
    else
        a=b;c=b;b=a;
    printf("%d,%d,%d\n",a,b,c);
    a=3;b=4;c=5;
    if(a!=c) ;
    else
        a=c;c=b;b=a;
    printf("%d,%d,%d\n",a,b,c);
}
```

9. 若整数 *x* 分别等于 95、87、100、43、66、79，则以下程序运行后屏幕上显示的结果是什么？

```
switch(x/10)
{
    case 6:
    case 7:
        printf("Pass\n");
        break;
    case 8:
        printf("Good\n");
        break;
```

```
        case 9:
        case 10:
            printf("VeryGood\n");
            break;
        default:
            printf("Fail\n");
    }
```

当 *x*=95 时，程序运行后屏幕上显示_____。

当 *x*=87 时，程序运行后屏幕上显示_____。

当 *x*=100 时，程序运行后屏幕上显示_____。

当 *x*=43 时，程序运行后屏幕上显示_____。

当 *x*=66 时，程序运行后屏幕上显示_____。

当 *x*=79 时，程序运行后屏幕上显示_____。

10. 当输入 "ab*AB%cd#CD$" 时，写出程序的运行结果。

```
#include <stdio.h>
void main()
{
    char c;
    while((c=getchar())!='$')
        {
            if( 'A'<=c&&c<='Z' )
                putchar(c);
            else if( 'a'<=c&&c<='z' )
                putchar(c-32);
        }
}
```

11. 写出以下程序的运行结果。

```
#include <stdio.h>
void main()
{
    int num=0;
    while(num<=2)
        {
            num++;
            printf("%d\n",num);
        }
}
```

12. 写出以下程序的运行结果。

```
#include <stdio.h>
void main()
{
    int i=0,s=0;
    do
```

```
        {
            s+=i*2+1;
            printf("i=%d,s=%d\n",i,s);
            i++;
        }while(s<10);
}
```

13. 写出以下程序的运行结果。

```
#include <stdio.h>
void main()
{   int i,m=1;
    for(i=5;i>=1;i--)
    {
        m=(m+1)*2;
        printf("m=%d\n",m);
    }
}
```

14. 写出以下程序的运行结果。

```
#include <stdio.h>
void main()
{
    int i,j,k=0,m=0;
    for(i=0; i<2; i++)
        for(j=0; j<3; j++)
            k++;
    m = i+j;
    printf("k=%d,m=%d\n",k,m);
}
```

15. 写出以下程序的运行结果。

```
#include <stdio.h>
void main()
{   int i=0;
    while(++i<3)
        if(i==2)  break;
    printf("%d\n",i);
}
```

16. 写出以下程序的运行结果。

```
#include <stdio.h>
void main()
{
    int i,j;
    for(i=0;i<=3;i++)
    {
            for(j=0;j<=i;j++)
```

```
        printf("(%d,%d),",i,j);
        printf("\n");
    }
}
```

17. 写出以下程序的运行结果。

```
int i=0,sum=1;
do {sum+=i++;} while (i<5);
printf("%d\n",sum);
```

18. 写出以下程序的运行结果。

```
#include <stdio.h>
void main()
{
    int i;
    printf("\n");
    for(i=0;i<6;i++)
    {
        printf("%d",i);
        if (i%2==0)
    printf("\n");
    }
}
```

19. 写出以下程序的运行结果。

```
#include <stdio.h>
#define N 4
void main()
{
    int i;
    int x1=1,x2=2;
    printf("\n");
    for(i=1;i<=N;i++)
    {
        printf("%4d%4d",x1,x2);
        if(i%2==0)
            printf("\n");
            x1=x1+x2;
            x2=x2+x1;
    }
}
```

20. 写出以下程序的运行结果。

```
#include <stdio.h>
#define N 4
void main( )
{
    int  i,j;
```

```
for(i=1;i<=N;i++)
{
    for(j=1;j<i;j++)
printf(" ");
    printf("*");
    printf("\n");
}
}
```

21. 写出以下程序的运行结果。

```
m=37;n=13;
while(m!=n)
{
    while(m>n)
        m=m-n;
    while(n>m)
        n-=m;
}
printf("m=%d\n",m);
```

22. 写出以下程序的运行结果。

```
#include <stdio.h>
void main()
{
    int i,j;
    for(i=0;i<5;i++)
    {
        for(j=1;j<10;j++)
            if(j==5)
                break;
        if(i<2)
            continue;
        if(i>2)
            break;
        printf("%d,",j);
    }
    printf("%d\n",i);
}
```

三、填空题

1. 若整型变量 a 和 b 的值分别为 7 和 9，则要求按以下格式输出 a 和 b 的值。

```
a=7
b=9
```

请完成输出语句 "printf("_____",a,b);"。

2. 已知 "int i,j; double x;" 将−10 赋给 i，12 赋给 j，410.34 赋给 x；则对 scanf 函数的正确调用语句是_____。

3. 已知 "int x; float y;scanf("x= %d,y=%f",&x,&y);"，则为了将数据 10 和 66.6 分别赋给 x 和 y，正确的输入是_____。

4. 计算 3 个双精度实数 x、y、z 的平均值 avr 并输出，并且保留 2 位小数，这 3 个数从键盘输入。请填空完成程序。

```
#include <stdio.h>
void main(0
{
        double x,y,z,avr;
            (1)
        avr=     (2)     ;
        printf(     (3)     ,x,y,z,avr);
}
```

5. 任意输入一个字符，显示它的 ASCII 码。请填空完成程序。

```
#include <stdio.h>
void main()
{
            (1)
        c=getchar();
        printf(     (2)     ,c);
}
```

6. 在分段函数中，输入 x，计算 y 值，然后输出 y，请填空完成程序。

```
        x<0  y=2x+3
        x=0,y=0
        x>0,y=(x+7)/3
#include <stdio.h>
void main()
{
    int x,y;
    scanf("%d",&x);
    if(x<0)     (1)     ;
        (2)     y=0;
        (3)     y=(x+7)/3;
    printf("%d",y);
}
```

7. 由键盘输入 3 个数，计算以这 3 个数为边长的三角形的面积。请填空完成程序。

```
#include <stdio.h>
     (1)
void main()
{
     (2)     ;
printf("Please enter 3 reals:\n");
scanf("%f%f%f",&a,&b,&c);
if(     (3)     )
```

```
        {  s=(a+b+c)*0.5;
            s1=s*(s-a)*(s-b)*(s-c);
            s=    (4)    ;
            printf("\nArea of the triangle is %f\n",s);
        }
           (5)
        printf("It is not triangle!\n");
    }
```

8. 实现投票表决器功能，请填空完成程序。

- 输入 Y、y，打印 agree
- 输入 N、n，打印 disagree
- 输入其他，打印 lose

```
#include <stdio.h>
void main()
{
    char c;
    scanf("%c",&c);
        (1)
    {
        case 'Y':
        case 'y': printf("agree");     (2)    ;
        case 'N':
        case 'n': printf("disagree");    (3)    ;
           (4)    :printf("lose");
    }
}
```

9. 输入一个字符，判断该字符是数字、英文字母、空格还是其他字符。请填空完成程序。

```
#include <stdio.h>
void main( )
{
    char ch;
    ch=getchar();
    if(    (1)    )
        printf("It is an English character\n");
    else if(    (2)    )
        printf("It is a digit character\n");
    else if(    (3)    )
        printf("It is a space character\n");
        (4)
    printf("It is other character\n");  }
```

10. 输入一名学生的成绩（0～100 分之间），进行五级评分并显示。请填空完成程序。

```
#include <stdio.h>
void main ( )
    {  int score;
        scanf ("%d",&score);
```

```
    if (score>=0&& score<=100)
        switch (____(1)____)
        {
            case 10:
            case 9:  printf ("Excellent \ n");break;
            case 8:  printf ("Good \n");break;
            case 7:  printf ("Middle \n"); break;
            case 6:  printf ("Pass \n"); ____(2)____;
            default: printf ("No pass \n"); }
    }
```

11. break 语句只能用于_____语句和_____语句中。

12. 计算 2+4+6+8+…+98+100。请填空完成程序。

```
#include <stdio.h>
void main()
{
    int i,____(1)____;
    for(i=2;i<=100;____(2)____)
        s+=i;
}
```

13. 求满足下式的 x、y、z。请填空完成程序。

$$
\begin{array}{r}
x\,y\,z \\
+\,y\,z\,z \\
\hline
5\,3\,2
\end{array}
$$

```
#include <stdio.h>
void main()
{
    int x,y,z,i,result=532;
    for (x=1; ____(1)____ ;x++)
     for (y=1; ____(2)____ ;y++)
        for ( ____(3)____ ; ____(4)____ ;z++)
            { i= ____(5)____ +(100*y+10*z+z);
              if (i==result) printf("x=%d, y=%d, z=%d\n",x,y,z);
            }
}
```

14. 求 $S_n = a+aa+aaa+\cdots+aa\cdots a$，其中 a 是一个数字。例如 2+22+222+2222（此时 n=4），n 由键盘输入。请填空完成程序。

```
#include <stdio.h>
void main()
{
    int a,n,count=1,Sn=0,Tn=0;
    printf("请输入 a 和 n 的值:\n");
    scanf("%d,%d",&a,&n);
    while (count<= ____(1)____ )
```

```
    {  Tn=_____(2)_____;
       Sn=_____(3)_____;
       a=a*10;
       _____(4)_____;
    }
    printf("a+aa+aaa+...=%d\n",Sn);
}
```

15. 一个球从 100 米的高度自由落下，每次落地后反跳回原来高度的一半，然后再落下，求它在第 10 次落地时，共经过多少米？第 10 次反弹多高？请填空完成程序。

```
#include <stdio.h>
void main()
{   float Sn=100.0,hn=Sn/2;
    int n;
    for (n=2;n<=_____(1)_____;n++)
        {  Sn=_____(2)_____;  hn=_____(3)_____;  }
    printf("第 10 次落地时共经过%f 米\n",Sn);
    printf("第 10 次反弹%f 米\n",hn);
}
```

16. 打印出以下图形。请填空完成程序。

```
#include <stdio.h>
void main()
{  int i,j,k;
   for (i=0;i<=_____(1)_____;i++)
     { for (j=0;j<=2-i;j++)  printf(" ");
       for (k=0;k<=_____(2)_____;k++)  printf("*");
       _____(3)_____
     }
   for (i=0;i<=2;i++)
       { for (j=0;j<=_____(4)_____;j++)
             printf(" ");
         for (k=0;k<=_____(5)_____;k++)
             printf("*");
         printf("\n");
       }
}
```

17. 从键盘上输入若干名学生的成绩，统计并输出最高成绩和最低成绩，当输入负数时结束输入。请填空完成程序。

```
#include <stdio.h>
void main()
```

```
    {
        float x,amax,amin;
        scanf("%f",&x);
        amax=x;amin=x;
        while (____(1)____)
            { if (x>amax)  amax=x;
              if (____(2)____)  amin=x;
              scanf("%f",&x);
            }
        printf("\namax=%f\namin=%f\n",amax,amin);
    }
```

18. 打印出以下三角形。请填空完成程序。

```
0
11
222
3333
44444
555555
6666666
77777777
888888888
9999999999
```

```
#include <stdio.h>
void main( )
    {
        int i,j;
        for(i=0;i<=____(1)____;i++)
        {
            for(j=0;j<____(2)____;j++)
                printf(____(3)____);
            ____(4)____
        }
    }
```

19. 从输入的整数中，统计大于零的整数个数和小于零的整数个数，用输入 0 来结束输入，用 i 和 j 存放统计数，请填空完成程序。

```
#include <stdio.h>
void main()
{
    ____(1)____ n,i=0,j=0;
    printf("input a integer,0 for end\n");
    scanf("%d",&n);
    while (____(2)____)
    { if(n>0) i=____(3)____;
      else j=j+1;
      scanf("%d",&n);
    }
```

```
    printf("i=%4d,j=%4d\n",i,j);
 }
```

四、编程题

1．已知 a、b 均是整型变量，编程将 a、b 两个变量中的值互换。

2．将华氏温度转换为摄氏温度和热力学温度的公式分别为

$$c = \frac{5}{9}(f-32) \qquad （摄氏温度）$$

$$k = 273.16 + c \qquad （热力学温度）$$

请编写程序：当输入 f 时，求其相应的摄氏温度和热力学温度。

3．任意输入一个直角三角形的两条直角边（双精度数）的长度，求出第 3 条边的长度并输出。

4．设圆半径为 r，圆柱高为 h，求圆周长，圆面积，圆球体积和圆柱体积。用 scanf 输入数据，输出计算结果；输出时要求有文字说明，保留小数点后 2 位数字。

5．假设 m 是一个三位整数，请编程将 m 的个位数、十位数、百位数反序而生成一个新的整数（例如：123 反序生成 321，120 反序生成 21），并把新整数输出。

6．编写程序求 y 的值（x 的值由键盘输入）。

$$y = \begin{cases} \dfrac{\sin(x) + \cos(x)}{2} & (x \geq 0) \\[2mm] \dfrac{\sin(x) - \cos(x)}{2} & (x < 0) \end{cases}$$

7．输入一个字符，判断它若是小写英文字母则输出其对应的大写英文字母；若是大写英文字母则输出其对应的小写英文字母；若是数字则输出数字本身；若是空格则输出"space"；若不是上述情况则输出"other"。

8．有 3 个数 a、b、c 由键盘输入，输出其中最大的数。

9．输入一个数，判断它能否被 3 或者 5 整除，若至少能被这两个数中的一个数整除，则将此数打印出来，否则不打印。

10．已知函数

$$y = \begin{cases} \dfrac{40}{15}x + 10 & (0 \leq x < 15) \\[1mm] 50 & (15 \leq x < 30) \\[1mm] 50 - \dfrac{10}{15}(x-30) & (30 \leq x < 45) \\[1mm] 40 + \dfrac{20}{30}(x-45) & (45 \leq x < 75) \\[1mm] 60 - \dfrac{10}{15}(x-75) & (75 \leq x < 90) \\[1mm] 无意义 & （其他） \end{cases}$$

请编写程序计算 y 的值（x 的值由键盘输入）。

11．从键盘输入年份和月份，显示这个月的天数。例如：输入 1997　1，则显示"1997 年 1 月份共 31 天！"。

12．计算 n 的阶乘。

13．求 1 到 100 之间的奇数之和、偶数之积。

14．输入一行字符，统计其中的英文字母、数字、空格和其他字符的个数。

15．用循环语句编写求 $2^0 + 2^1 + 2^2 + 2^3 + \cdots + 2^{63}$ 的程序。

16．求 $\sum\limits_{n=1}^{20} n!$（求 1!+2!+3!+\cdots+20!）。

17．有一个分数序列 $\dfrac{2}{1},\dfrac{3}{2},\dfrac{5}{3},\dfrac{8}{5},\dfrac{13}{8},\dfrac{21}{13},\cdots$，求出这个数列的前 20 项之和。

18．输入任意十个数，输出它们中的最大数、最小数。

　　测试数据：① 1,–12,20,30,–5,–23,33,125,200,–100

　　　　　　　② 0,10,3,1,5,6,–10,90,9,–4

　　　　　　　③ 12,13,14,15,10,–10,–11,–12,–9,9

19．求 1～100 之间所有非素数的和。

20．求方程 $3x+5y+7z=100$ 的所有的非负整数解。

21．输入一个正整数，求其各位上数字之和，如输入 87965，则显示 8+7+9+6+5=35。

22．已知 100 匹马驮 100 担货，1 匹大马驮 3 担货，1 匹中马驮 2 担货，1 匹小马驮 1 担货，求出大、中、小马的数量。

23．打印如下英文字母组成的阵列。

　　　　　　A
　　　　　　B　B
　　　　　　C　C　C
　　　　　　D　D　D　D
　　　　　　E　E　　E　　E
　　　　　　F　F　　F　　F　　F

24．输入两个正整数 m 和 n，求其最大公约数和最小公倍数。

　　提示：求 m 和 n 的最大公约数，首先将 m 除以 n（$m>n$）得余数 R，再用余数 R 去除原来的除数，得新的余数，重复此过程直到余数为 0 时停止，此时的除数就是 m 和 n 的最大公约数。求 m 和 n 的最小公倍数，m 和 n 的积除以 m 和 n 的最大公约数。

　　测试数据：$m=12$，$n=24$

　　　　　　　$m=100$，$n=300$

25．打印出所有的"水仙花数"，所谓"水仙花数"是指一个三位数，其各位数的立方和等于该数本身。如 153 是一个水仙花数，因为 $153 = 1^3 + 5^3 + 3^3$（要求分别用一重循环和三重循环实现）。

26．一个数恰好等于它的平方数的右端，这个数称为同构数。如 5 的平方是 25，5 等于 25 中的右端的数，因此 5 就是同构数。找出 1～1000 之间的全部同构数。

27．3025 这个数具有一种独特的性质：将它平分为两段，即 30 和 25，使之相加后求平方，即 $(30+25)^2$，恰好等于 3025 本身。请求出具有这样性质的全部四位数。

28．两位数 13 和 62 具有很有趣的性质：把它们个位数和十位数对调，其乘积不变，即 $13\times62 = 31\times26$。求共有多少对这种性质的两位数（个位与十位相同的不在此列，如 11、22，重复出现的不在此列，如 13×62 与 62×13）。

29．一个数如果恰好等于它的因子之和，那么这个数就称"完数"。如 6 的因子为 1、2、

3，而 6=1+2+3，因此 6 是"完数"。找出 1000 之内的所有完数，并按下面格式输出其因子。

即 6   its factors are 1,2,3。

30．有一个四位正整数，组成这个四位数的 4 个数字各不相同，若把它的首尾互换，第二位与第三位互换，则组成一个新的四位数。原四位数是新四位数的 4 倍，请找出一个这样的四位数。

31．给出一个不大于四位数的正整数，要求：① 求出它是几位数；② 分别打印出每一位数字；③ 按逆序打印出各位数字。

32．在一个程序中计算出当给定误差分别小于 0.1、0.01、0.001、0.0001、0.00001 时，下式的值。

$$\left(\frac{2}{3}\times\frac{4}{3}\right)\times\left(\frac{4}{5}\times\frac{6}{5}\right)\times\left(\frac{6}{7}\times\frac{8}{7}\right)\times\cdots\times\left(\frac{2n}{2n+1}\times\frac{2n+2}{2n+1}\right)$$

提示：本题中误差指前 n+1 项的积与前 n 项的积两者之差。

33．用泰勒展开式求 sinx 的近似值。

$$\sin x=\frac{x}{1!}-\frac{x^3}{3!}+\frac{x^5}{5!}-\frac{x^7}{7!}+\cdots+(-1)^{n-1}\frac{x^{(2n-1)}}{(2n-1)!}$$

测试数据：① x＝0.3，n＝8

② x＝0.5，n＝20

34．验证歌德巴赫猜想。一个充分大的偶数（大于或等于 6）可以分解为两个素数之和。试编写程序，将 6～50 之间全部偶数分解为两个素数之和。

【习题参考答案】

一、选择题

1～5： A A C A D   6～10： D A B D A

11～15： D C B A A   16～20： A D A D D

21～25： D B C C B   26～30： A B D A A

31： A

二、读程序写结果

1. aa_bb___cc_____abc

   a_0

   （注意：_表示空格）

2. 1,0,3

3. 200

4. 01

5. AB

6. 10

7. 70–80

   60–70

8. 5, 5, 4

   5, 5, 4

   3, 3, 4

9. VeryGood

  Good

  VeryGood

  Fail

  Pass

  Pass

10. ABABCDCD

11. 1

   2

   3.

12. i=0,s=1

   i=1,s=4

   i=2,s=9

   i=3,s=16

13. m=4

   m=10

   m=22

   m=46

   m=94

14. k=6,m=5

15. 2

16. (0,0),

   (1,0),(1,1),

   (2,0),(2,1),(2,2),

   (3,0),(3,1),(3,2),(3,3),

17. 11

18. 0

   12

   34

   5

19. 1   2   3   5

   8   13 21 34

20.   *

     *

      *

       *

21. m=1

22．5,3

三、填空题

1．a=%d\nb=%d\n

2．scanf("%d%d%lf",&i,&j,&x);

3．x=10,y=66.6<回车>

4．（1）scanf("%lf%lf%lf",&x,&y,&z);

（2）(x+y+z)/3　或　1.0/3*(x+y+z)

（3）"%.2f,%.2f,%2f,%.2f\n"

5．（1）char c;

（2）"%d\n"

6．（1）y=2*x+3

（2）else if(x==0)

（3）else

7．（1）#include "math.h"

（2）float a,b,c,s,s1

（3）(a+b>c)&&(b+c>a)&&(c+a>b)

（4）sqrt(s1)

（5）else

8．（1）switch(c)

（2）break

（3）break

（4）default

9．（1）ch>='a'&&ch<='z'|| ch>='A'&&ch<='Z'

（2）ch>='0'&&ch<='9'

（3）ch==' '

（4）else

10．（1）score/10

（2）break

11．switch、循环

12．（1）s=0

（2）i=i+2

13．（1）x<=9

（2）y<=9

（3）z=0

（4）z<=9

（5）x*100+y*10+z

14．（1）n

（2）Tn+a

（3）Sn+Tn

（4）count++

15.（1）10

（2）Sn+hn*2

（3）hn/2

16.（1）3

（2）2*i

（3）printf("\n");

（4）i

（5）4–2*i

17.（1）x>=0

（2）x<amin

18.（1）9

（2）=i

（3）"%d",i

（4）printf("\n");

19.（1）int

（2）n 或 n!=0

（3）i+1

四、编程题

略。

第4章

构造类型数据（一）

【典型例题解析】

一、选择题

1. 若有以下数组，则"i=10;"a[a[i]]元素的数值是（   ）。

```
int a[12]={1,4,7,10,2,5,8,11,3,6,9,12};
```

A. 10   B. 9   C. 6   D. 5

答案：C

解析：本题映射的知识点是数组的定义。当 i=10 时，a[i]的值为 9，是数组中下标为 10 的元素的值，即数组中的第 11 个元素，且数组下标从 0 开始，a[a[i]]即 a[9]，是数组中下标为 9 的元素的值，即数组中的第 10 个元素，值为 6，故答案为 C。

2. 以下 4 个数组定义中，（   ）是错误的。

A. int a[7];   B. #define N 5   long b[N];

C. char c[5];   D. int n,d[n];

答案：D

解析：本题映射的知识点是数组的定义。在 C 语言中，数组的长度在定义的时候必须指定，并且在程序的运行过程中，数组长度也是固定的。C 语言不允许对数组的大小做动态定义，即数组的大小不依赖于程序运行过程中变量的值。A、B、C 三个选项中数组的大小都是固定的，其中选项 B 采用了符号常量定义的形式，也可以保证数组的长度在程序运行期间不被改变。选项 D 是错误的，变量 n 的值是可以"变"的，而数组长度不能变。故答案为 D。

3. 以下能正确定义数组并正确赋初值的语句是（   ）。

A. int n=5,b[n][n];   B. int a[1][2]={{1},{3}};

C. int c[2][]={{1,2},{3,4}}   D. int a[3][2]={{1,2},{3,4}}

答案：D

解析：本题映射的知识点是二维数组的定义。C 语言不允许对数组的大小做动态定义，即数组的大小不依赖于程序运行过程中变量的值，所以选项 A 错误。选项 B 采用分行赋初值的方式，可以推断出行值为 2，而数组 a 的定义中却只有 1 行，所以选项 B 错误。若对二维数组中全部元素赋初值，或者采用分行赋初值的方式对部分元素赋初值时，则可以对第一维（行值）不指定，但第二维（列值）不能省，所以选项 C 错误。选项 D 是正确的，定义时指定了 3 行

2 列，赋初值采用分行赋值的方式，虽然只赋了 2 行数组，但这是允许的，其余元素自动为 0。故答案为 D。

4．以下不能正确赋值的是（　　）。

A．char s1[10];s1="test";　　　　　　B．char s2[]={'t', 'e', 's', 't'}

C．char s3[20]= "test";　　　　　　　D．char s4[4]={'t', 'e', 's', 't'}

答案：A

解析：本题映射的知识点是字符数组的定义。总的来说字符数组的赋值可以有两种方法：逐个字符赋值和采用字符串的方式一次性赋值。选项 A 与选项 C 采用了字符串的方式一次性赋值，但选项 C 是正确的，可以采用初始化的方式赋值。不能用赋值语句将一个字符串常量或字符数组直接赋给一个字符数组，所以选项 A 是错误的，若事先定义了数组，又要给数组赋以字符串，则 strcpy(s1,"test")是正确的方式。选项 B 与选项 D 采用了逐个字符给数组赋值的方式。若对数组中全部元素赋初值，则可以不指定数组的长度，因此选项 B 正确。选项 D 是标准的初始化字符数组的方式，因此选项 D 正确。故答案为 A。

5．下面程序段运行时输出的结果是（　　）。

```
char s[12]= "A book";
printf("%d\n",strlen(s));
```

A．12　　　　　　B．8　　　　　　C．7　　　　　　D．6

答案：D

解析：本题考察的知识点为字符数组的定义。字符数组 s 的长度为 12，这是由"[]"内的数字决定的。char s[ ]= "A book"，这样初始化数组也是合法的，此时数组 s 的长度为 7，包含了字符串结束标志\0'的一个位置。在 strlen 函数计算字符数组长度时，计算的是字符串结束标志\0'前有效字符的个数，本题中为 6，故答案为 D。

6．合法的数组定义是（　　）。

A．char a[ ]= "string " ;　　　　　　B．int a[5] ={0,1,2,3,4,5};

C．char a= "string " ;　　　　　　　D．char a[ ]={0,1,2,3,4,5}

答案：A

解析：本题考察的知识点为数组的定义。选项 B 中数组长度定义为 5，实际赋了 6 个数值，故选项 B 错误。选项 C 中 a 为字符型变量，不是数组名，故选项 C 错误。选项 D 数组的类型为字符型，实际赋值为整型，故选项 D 错误。选项 A 正确，在给所有数组元素赋初值时，可以省略数组长度；当以字符串形式为字符数组赋初值时，可以省略"{}"。故答案为 A。

7．下列定义的字符数组中，"printf("%s\n", str[2]);"的输出是（　　）。

```
str[3][20] ={ "basic", "foxpro",  "windows"};
```

A．basic　　　　　　　　　　　B．foxpro

C．windows　　　　　　　　　　D．输出语句出错

答案：C

解析：本题考察的知识点为二维数组的定义。C 语言对二维数组采用这样的定义方式：二维数组可以被看作是一个特殊的一维数组，这个特殊一维数组的每个元素又是一个一维数组。就本题而言，str 本来是二维数组的名称，但当我们把它当作一个特殊的一维数组时，它有 3 个元素，即 str[0]、str[1]和 str[2]。str[0]、str[1]和 str[2]又分别是 3 个长度为 20 的一维字符数

组名。当输出"printf("%s\n", str[2]);"时，实际输出的是二维数组的第三行字符串，即一维数组 str[2]。故答案为 C。

8．若有以下定义和语句，则以下正确的叙述是（　　）。

```
double r=99, *p=&r;
*p=r;
```

A．以下两处的*p 含义相同，都说明给指针变量 p 赋值
B．在"double r=99,*p=&r;"中，把 r 的地址赋值给了 p 所指向的存储单元
C．语句"*p=r;"把变量 r 的值赋给指针变量 p
D．语句"*p=r;"取变量 r 的值放回 r 中

答案：D

解析：本题考查的是指针变量的基本概念。"double r=99,*p=&r;"表示定义了一个 double 类型的变量 r，初值为 99，还定义了一个 double 类型的指针变量 p，并初始化 p，让 p 保存 r 的地址，即 p 指向 r，注意该语句中的"*"是一个说明符，用来定义指针变量，不是指针访问运算符。接着，"*p=r;"语句中的"*"是指针访问运算符，*p 表示 p 所指向的变量，即 r，所以该语句等价于 r=r。综合上述可知，选项 A 错误，两处的*p 含义是不同的。选项 B 错误，不是把 r 的地址赋值给了 p 所指的存储单元，而是把 r 的地址赋值给指针变量 p。选项 C 错误，应该是把变量 r 的值放回到 r 中。故答案为 D。

9．若有说明"int i, j=2, *p=&i;"，则能完成 i=j 赋值功能的语句是（　　）。

A．i=*p;　　　　　B．*p=*&j;　　　　　C．i=&j;　　　　　D．*p=i;

答案：B

解析：本题考查的是指针的基本概念和两种基本运算符。根据题目可知，p 是一个指针变量，并指向变量 i。选项 A 和选项 D 错误，*p 就是 i，它们都等价于 i=i。选项 C 错误，不能把地址赋值给整型变量 i。选项 B 正确，"*"指针运算符和"&"取地址运算符互为逆运算，*&j 等价于 j，*p 等价于 i，所以整个语句等价于 i=j。故答案为 B。

10．若有以下定义和语句，且 0≤i<10 则对数组元素的错误引用是（　　）。

```
int a[10]={1,2,3,4,5,6,7,8,9,10},*p,i;
p=a;
```

A．*(a+i)　　　　　B．a[p-a]　　　　　C．p+i　　　　　D．*(&a[i])

答案：C

解析：本题考查的是指针和一维数组的内容。C 语言规定数组名是第 0 个元素的地址，并且是常量。选项 A 中，*(a+i)等价于 a[i]，是数组中的第 i 个元素。选项 B 中，p-a 是指针变量之间的减法运算，含义是 p 保存的地址和 a 保存的地址之间相差的元素个数。本题中，因为 p 和 a 都存的是首元素的地址，所以它们之间相差的元素个数是 0，即 a[p-a]等价于 a[0]，是数组的首元素。选项 D 相当于 a[i]，也是数组的元素。选项 C 是第 i 个元素的地址，相当于&a[i]，不是元素。故答案为 C。

11．若有以下的定义，则值为 3 的表达式是（　　）。

```
int a[ ]={1,2,3,4,5,6,7,8,9,10}, *p=a;
```

A．p+=2, *(p++)　　　B．p+=2, *++p　　　C．p+=3, *p++　　　D．p+=2, ++*p

答案：A

解析：本题考查的是指针运算符和"++"运算符，以及逗号运算符的运算问题。4 个选项都是逗号表达式，即从左到右把每个表达式算一遍，而整个表达式的值就是最右边表达式的值。选项 A 中 p+=2，使 p 指向了 a[2]，*(p++)中的"++"运算是后加运算，后加的含义是 p 先进行其他运算，然后 p 再自身加 1，即先算*p，即整个表达式的值就是*p 的值，即 a[2]=3，然后 p 再指向 a[3]。所以选项 A 正确。选项 C 中的*p++等价于*(p++)。选项 B 中，p 指向 a[2]，但*++p 是前加运算，要求 p 先自身加 1，然后进行"*"运算，则 p 指向了 a[3]，最终结果是 4。选项 D 中，p 指向 a[2]，则++*p 等价于++a[2]，是前加运算，则整个表达式的值是 4。故答案为 A。

12. 执行下列程序后，输出的结果是（　　）。

```
void main()
{
    int a[3][3], *p,i;
    p=&a[0][0];
    for(i=0; i<9; i++)p[i]=i+1;
    printf("%d\n",a[1][2]);
}
```

A. 3　　　　　　B. 6　　　　　　C. 9　　　　　　D. 随机数

答案：B

解析：本题考查的是数组元素指针和二维数组的关系。二维数组元素在内存中是按行存放的，即先存储完第 0 行的元素，紧接着存储第 1 行的元素。本题中的 for 循环是通过指针 p 对二维数组 a 中的每个元素进行赋值。a[1][2]是数组 a 的第 2 行第 3 个元素，即第 6 个元素，前面有 5 个元素。由于下标从 0 开始，因此 a[1][2]即 p[5]=6。故答案为 B。

13. 有定义语句"int　*a[4];"，以下选项中与此语句等价的是（　　）。

A. int a[4];　　B. int **a;　　C. int *(a[4]);　　D. int (*a)[4];

答案：C

解析：本题考查的是指针、数组的基本概念。本题中声明的 a 表示的是有 4 个整数指针元素的数组。选项 A 表示有 4 个整数元素的数组。选项 B 表示一个指向整数指针的指针。选项 D 声明了一个指针变量，它指向的是含有 4 个元素的一维数组。故答案为 C。

14. 设有如下程序段，则执行"p=s;"语句后，以下叙述正确的是（　　）。

```
char s[20]= "Bejing",*p;
p=s;
```

A. 可以用*p 表示 s[0]

B. s 数组中元素的个数和 p 所指字符串长度相等

C. s 和 p 都是指针变量

D. 数组 s 中的内容和指针变量 p 中的内容相等

答案：A

解析：本题考查的是指针及字符数组问题。执行"p=s;"语句后表明 p 指向数组的首元素，即可以用*p 表示 s[0]，选项 A 正确。s 数组中元素的个数为 20，而 p 所指字符串长度为 6，选项 B 错误。s 为指针常量，p 为指针变量，选项 C 错误。数组 s 中的内容和指针变量 p 中的内容不相等，选项 D 错误。故答案为 A。

15. 以下程序段的功能是（　　）。

```
char s[100];
char  *t=s ;
gets(s);
while(*t++) ;
t--;
printf ("%d",t-s);
```

A. 求字符串 s 的长度　　　　　　　　B. 比较两个串的大小

C. 将串 s 复制到串 t　　　　　　　　　D. 求字符串 s 所占字节数

答案：A

解析：本题考查的是指针问题。首先指针 t 指向字符指针 s，"while(*t++);"表示*t 不是 0，故继续循环 t++，即若指针 t 没有指向字符串结束标志'\0'，则指针 t 一直向后移动，当 t 指向'\0'时，循环结束，且 t 指向了'\0'后的位置，在执行语句"t--;"后，指针 t 指向字符串'\0'，而指针 s 指向第 0 个元素，因此 t-s 表示字符串 s 的长度，故答案为 A。

二、读程序写结果

1. 请写出以下程序的运行结果。

```
#include <stdio.h>
void main()
{
    int p[7]={11,13,14,15,16,17,18},i=0,k=0;
    while(i<7 && p[i]%2)
    { k=k+p[i]; i++;}
    printf("k=%d\n",k);
}
```

答案：k=24

解析：本题并非一个单纯的求解数组元素和的题目。注意 while 条件中的 p[i]%2，这意味着，除满足 i<7 这个条件外，还必须满足 p[i]%2 为真，即要求 p[i] 为奇数，所以只有数组中的 11 和 13 前两个元素被加入到 k 中，直到数组中的第 3 个元素为 14（偶数），即 while 条件为假，退出循环，所以 k 的值最后为 24。

2. 请写出以下程序的运行结果。

```
(1) #include <stdio.h>
(2) void main( )
(3) { int i,s;
(4) char s1[100],s2[100];
(5) printf("input string1:\n"); gets(s1);
(6) printf("input string2:\n"); gets(s2);
(7) i=0;
(8) while ((s1[i]==s2[i])&&(s1[i]!='\0'))
(9) i++;
(10) if ((s1[i]=='\0')&&(s2[i]=='\0')) s=0;
(11) else s=s1[i]-s2[i];
```

```
(12) printf("%d\n",s);
(13) }
```

输入数据　aid

　　　　　and

答案：–5

解析：本题实现了字符串比较函数 strcmp 的功能，比较规则是：对两个字符串从左向右逐个字符比较其 ASCII 码，直到遇到不同字符或'\0'为止。strcmp 函数返回 int 型整数。

① 若字符串 1 < 字符串 2，则返回负整数（<0）。

② 若字符串 1 > 字符串 2，则返回正整数（>0）。

③ 若字符串 1 == 字符串 2，则返回零（=0）。

i 在此代表数组元素下标，初值为 0。（8）处 while 的循环条件是一个逻辑表达式（s1[i]==s2[i])&&(s1[i]!='\0')，它意味着两个字符串对应位置字符相等，并且当 s1[i] 不是字符串结束标志时，循环继续（两个字符串对应位置字符相等并且 s1[i] 不是字符串结束标志时，s2[i] 也不是字符串结束标志），换句话说，循环结束的条件是两个字符串对应位置的字符不相等（包括一个字符串结束，另一个未结束的情况）或者两个字符串完全相等而结束。总之，循环后 i 的值代表着使循环结束的对应元素的下标。循环结束有两种情况：若（10）处条件为真，则 s=0，代表着两个字符串完全相等而结束。若（11）处的条件为真，则代表着结束的第 2 种情况，即因为出现了对应位置不等的字符而结束。（12）处打印出的 s 值符合 strcmp 函数返回值的含义。本题中当 i=1 时，因为 s1[i]! =s2[i] 而使循环结束，s1[i]–s2[i] 即'i'–'n'，相减的是对应字符的 ASCII 码，差为–5。

3．运行以下程序，从键盘输入 howare（空格）you（回车），分析运行结果。

```
#include <stdio.h>
void main()
{
    char str[10];
    scanf("%s", str);
    printf("%s\n",str);
}
```

答案：howare

解析：本题的考点为用 scanf 函数输入字符串。字符串是可以含有空格字符的，但用 scanf 函数输入含有空格字符的字符串时，系统会把空格字符作为输入的字符串之间的分隔符，所以本题中只是把空格前的字符串 "howare" 送到 str 中，并在其后加'\0'。所以在输入字符串时，为保证输入效果，最好使用 gets 函数。

4．请写出以下程序的运行结果。

```
#include <stdio.h>
void main( )
{
    int a[6]={12,4,17,25,27,16},b[6]={27,13,4,25,23,16},i,j;
    for(i=0;i<6;i++)
    {
        for(j=0;j<6;j++) if(a[i]==b[j])break;
```

```
        if(j<6) printf("%d ",a[i]);
    }
    printf("\n");
}
```

答案：4 25 27 16

解析：本题考点为 break 语句在循环中的应用。break 语句除可以使流程跳出 switch 结构，继续执行 switch 语句的下一个语句外，还可以用来从循环体内跳出循环体，即提前结束循环，接着执行循环下面的语句。但当 break 语句出现在嵌套的循环语句中时，它只能跳出并提前结束它所在的那一层循环，即外层循环继续向下执行。本题的功能是把两个数组中共有的元素输出。解题思路是对于 a 数组的每个元素，需要遍历 b 数组在其中寻找与 a 数组相同的元素，一旦找到相同元素，则无须再把 b 数组中剩余的元素遍历完，因此 break 跳出 b 数组的循环。若 b 数组正常结束，则此时 j 的值为 6，意味着未在 b 中找到相同元素；反之若 j<6，则意味着内层 b 数组的循环因 break 而结束，即找到相同元素，所以执行 "printf("%d ",a[i]);"。

5．请写出以下程序的运行结果。

```
(1) #include <stdio.h> void main()
(2) {
(3) char str[]="ABCDEFGHIJKL";
(4) printf("%s\n",str);
(5) printf("%s\n",&str[4]);
(6) str[2]=str[5];
(7) printf("%s\n",str);
(8) str[9]='\0';
(9) printf("%s\n",str);
(10) }
```

答案：ABCDEFGHIJKL

EFGHIJKL

ABFDEFGHIJKL

ABFDEFGHI

解析：本题考点为字符串。%s 格式符可以用来输出字符串，（4）处为最常见的标准用法，实际是这样执行的，即按字符数组名 str 找到该数组的起始地址，然后逐个输出其中的字符，直到遇到'\0'为止。数组名其实就是数组的首地址，所以如果在%s 对应的输出表列位置给定一个字符的地址，哪怕不是以数组名的形式给出，依然可以从这个地址开始逐个输出字符直到'\0'。（5）处是下标为 4 的字符的地址，即'E'字符，所以本句输出结果 "EFGHIJKL"。（8）处把 str[9]赋值成'\0'，这意味着字符串的结束，所以（9）处的输出结果到此为止，而不管后面还有什么内容。

6．请写出以下程序的运行结果。

```
#include <stdio.h>
void main()
{
    int a=3,b=4,*p=&a,*q=&b;
    *p=*q;
```

```
        printf("%d,%d,%d,%d\n",a,b,*p,*q);
        (*q)++;
        p=q;
        printf("%d,%d,%d,%d\n",a,b,*p,*q);
}
```

答案：4,4,4,4

　　　4,5,5,5

解析：本题考查的是指针变量的基本用法。本题中有两个指针变量，p 指向 a，q 指向 b，则*p=*q 等价于 a=b，把 b 的值赋值给 a，即 a 与 b 的值相同。故第 1 个 printf 输出 4,4,4,4。后面的(*q)++等价于 b++；即 b 的值变成 5；注意"p=q;"没有使用指针运算符"*"，所以是把 q 存的地址赋给 p，即 p 与 q 都指向 b。故第 2 个 printf 输出 4,5,5,5。

7．请写出以下程序的运行结果。

```
#include<stdio.h>
void main()
{
    int a[10]={1 ,2 ,3 ,4 ,5 ,6 ,7 ,8 ,9 ,0} ,*s=a;
     int i , j , t ;
    i=1; j=8;
    while(i<j)
    {
        t= *(s+ i) ;
        *(s+i)= *(s+j) ;
        *(s+j)=t ;
        i++ ;
        j-- ;
    }
    for(i=0 ; i<10 ; i++) printf("%d" , *(a+i));
    printf("\n") ;
}
```

答案：1987654320

解析：本题考查的是指针和一维数组的内容。在本题中，指针变量 s 指向 a[0]，循环体的作用是交换 s+i 和 s+j 指向的数组元素，i 从 1 开始，j 从 8 开始，然后执行 i++和 j--，即交换 a[1]与 a[8]，然后依次交换 a[2]与 a[7]，a[3]与 a[6]，a[4]与 a[5]，循环结束。此循环的作用实际是把 a[1]到 a[8]这 8 个元素进行了逆序存放，a[0]与 a[9]的位置不动。

8．请写出以下程序的运行结果。

```
void main()
{
    int a[2][3]={1,2,3,4,5,6};
    int m,*ptr;
    ptr=&a[0][0];
    m=(*ptr)*(*(ptr+2))*(*(ptr+4));
    printf("%d\n",m);
}
```

答案：15

解析：本题考查的是使用指向数组元素的指针访问二维数组的元素。本题中 ptr 是一个指向整型的指针，则 ptr+1 表示往后移一个整数的位置。二维数组的元素在内存中是按行存放的，即先连续存放第 0 行的元素，紧接着存放第 1 行的元素，即 a[0][2]后面紧接着的是 a[1][0]元素。ptr 开始指向元素 a[0][0]，则 ptr+2 应该后移 2 个整数，应该指向 a[0][2]，ptr+4 应该指向 a[1][1]，故结果是 m=a[0][0]*a[0][2]*a[1][1]=1*3*5=15。

9. 请写出以下程序的运行结果。

```c
void main()
{   char a[]="123456789",*p;
    int i=0;
    p=a;
    while(*p)
    {   if(i%2==0) *p='*';
        p++;i++;
    }
    puts(a);
}
```

答案：*2*4*6*8*

解析：本题考查的是指向数组元素的指针。

（1）指针 p 指向数组元素 a[0]。

（2）因为*p!='\0'，所以执行 while。

① 因为当 i=0，i%2=0 时，所以 a[0]='*'，p++，i=1。

② 因为当 i=1，i%2=1 时，所以 p++，i=2。

③ 因为当 i=2，i%2=0 时，所以 a[2]='*'，p++，i=3。

④ 因为当 i=3，i%2=1 时，所以 p++，i=4。

⑤ 因为当 i=4，i%2=0 时，所以 a[4]='*'，p++，i=5。

⑥ 因为当 i=5，i%2=1 时，所以 p++，i=6。

⑦ 因为当 i=6，i%2=0 时，所以 a[6]='*'，p++，i=7。

⑧ 因为当 i=7，i%2=1 时，所以 p++，i=8。

⑨ 因为当 i=8，i%2=0 时，所以 a[8]='*'，p++，i=9。

⑩ 因为当 i=9，p='\0'时，所以结束循环。

（3）执行 puts(a)，输出处理过的 a，结果为*2*4*6*8*。

10. 请写出以下程序的运行结果。

```c
#include<stdio.h>
void main()
{
    char  st[]="xyz",*p=st;
    while(*p) p++;
    for(p--;p-st>=0;p--)
        printf("%s\n",p);
}
```

答案：z

　　　yz

　　　xyz

解析：本题考查的是字符指针与字符数组的关系。本题中 while 循环条件*p 等价于*p!=0，即*p!='\0'。p 开始指向 st[0]，该循环的作用是一直执行 p++，即 p 后移，直到 p 指向的字符是 '\0'为止。所以在 while 循环后，p 指向了 st[3]。而 for 循环的作用是从 p 指向 st[2]开始，一直前移，直到指向 st[0]，每次都输出以 p 为起始地址的字符串。

11. 请写出以下程序的运行结果。

```c
#include <stdio.h>
#include <string.h>
void main()
{   char b1[8]="abcdefg",b2[8],*pb=b1+3;
    while (--pb>=b1) strcpy(b2,pb);
    printf("%d\n",strlen(b2));
}
```

答案：7

解析：本题考查的是使用指针访问一维字符数组。本题中循环条件--pb>=b1 表示 pb 先自身减 1，然后判断 pb>=b1 是否成立，若成立则循环继续；否则循环结束。b1 表示 b1[0]元素的地址，只要 pb 存的地址等于 b1[0]的地址或在 b1[0]地址之后，pb>=b1 就成立。指针变量 pb 开始指向 b1[3]元素，第 1 次：pb 指向 b1[3]，自减后指向 b1[2]，pb>=b1 成立，执行 strcpy(b2,pb)，则把"cdefg"复制到 b2 数组中。第 2 次：pb 指向 b1[2]，自减后指向 b1[1]，pb>=b1 成立，执行 strcpy(b2,pb)，则把"bcdefg"复制到 b2 数组中，覆盖了 b2 中原有的内容。第 3 次：pb 指向 b1[1]，自减后指向 b1[0]，pb>=b1 成立，执行 strcpy(b2,pb)，则把"abcdefg"复制到 b2 数组中，覆盖了 b2 中原有的内容。第 4 次：pb 指向 b1[0]，自减后则 pb<b1，循环结束。因此 b2 中保存的是"abcdefg"，字符串的长度是 7。

12. 请写出以下程序的运行结果。

```c
#include<stdio.h>
main()
{   int a[]={2,4,6,8,10,12},*b[3],i=0;
    while(i<3)
    {  b[i]=&a[2*i];
       printf("%d",*b[i]);
       i++;
    }
}
```

答案：2610

解析：本题考查的是指针数组。数组 b 是长度为 3 的指针数组，每个元素都是一个指向 int 型数据的指针变量。当 i=0 时，b[0]的值是&a[0]，*b[0]是 2；当 i=1 时，b[1]的值是&a[2]，*b[2]是 6；当 i=2 时，b[2]的值是&a[4]，*b[4]是 10，故输出结果为 2610。输出的结果之间没有间隔符，所以数字的位置紧挨在一起。

13．请写出以下程序运行结果。

```
#include<stdio.h>
#include  <stdlib.h>
#include<string.h>
void main()
{   char  *p;    int i;
    p=(char*)malloc(sizeof(char)*20);
    strcpy(p, "morning");
    for(i=6;i>=0;i--)  putchar(*(p+i));
    printf("\n");  free(p);
}
```

答案：gninrom

解析：本题考查的是用 malloc 动态分配内存的内容。本题中用 malloc 函数申请一个具有 20 个字符大小的空间，并用指针 p 指向空间的首地址。strcpy 函数使"morning"字符串存放到分配的空间，最后用 putchar 函数倒序输出字符串中的前 7 个字符。即 p[0] = m，p[1] = o，p[2] = r，p[3] = n，p[4] = i，p[5] = n，p[6] = g。

14．请写出以下程序的运行结果。

```
#include<stdio.h>
#include<stdlib.h>
main()
{  int *a, *b, *c;
    a=b=c=(int *)malloc(sizeof(int));
    *a=2;*b=4, *c=6;
    a=b;
    printf("%d, %d, %d\n", *a, *b, *c);
}
```

答案：6,6,6

解析：该程序中只分配了一个整型数据的存储空间，把这个空间的地址分别赋给了指针型变量 a、b 和 c。程序利用指针 a 把数据 2 写入该空间，然后利用指针 b，把数据 4 写入该空间，所以原来的 2 就被覆盖掉，最后用指针 c 把数据 6 写入该空间把数据 4 覆盖掉，此空间中最后留有的数据是 6。因为 3 个指针都指向该空间，所以输出数据均为 6。

【习题】

一、选择题

1．以下关于数组的描述正确的是（   ）。
    A．数组的大小是固定的，但可以有不同类型的数组元素
    B．数组的大小是可变的，但所有数组元素的类型必须相同
    C．数组的大小是固定的，且所有数组元素的类型必须相同
    D．数组的大小是可变的，且可以有不同类型的数组元素

2. 在定义"int a[10];"之后，对 a 的引用正确的是（　　）。

    A．a[10]　　　　　B．a[6.3]　　　　　C．a(6)　　　　　D．a[10–10]

3. 若有说明"int a[][3]={{1,2,3},{4,5},{6,7}};"，则数组 a 的第一维的大小为（　　）。

    A．2　　　　　　　B．3　　　　　　　C．4　　　　　　　D．无确定值

4. 以下程序段运行时输出的结果是 （　　）。

```
char s[18]= "a book! ";
printf("%.4s",s);
```

    A．a book!　　　　　　　　　　　　B．a book!

    C．a bo　　　　　　　　　　　　　D．格式描述不正确，没有确定输出

5. 在执行"int a[][3]={1,2,3,4,5,6};"语句后，a[1][0]的值是（　　）。

    A．4　　　　　　　B．1　　　　　　　C．2　　　　　　　D．5

6. 已知"int a[4]={5,3,8,9};"，其中 a[3]的值为（　　）。

    A．5　　　　　　　B．3　　　　　　　C．8　　　　　　　D．9

7. 以下 4 个字符串函数中，（　　）所在的头文件与其他 3 个不同。

    A．gets　　　　　B．strcpy　　　　C．strlen　　　　D．strcmp

8. 对字符数组进行初始化，（　　）的形式是错误的。

    A．char c1[ ]={'1', '2', '3'};　　　　B．char c2[ ]=123;

    C．char c3[ ]={ '1', '2', '3', '\0'};　　D．char c4[ ]="123";

9. 在数组中，数组名表示（　　）。

    A．数组第 1 个元素的首地址　　　　B．数组第 2 个元素的首地址

    C．数组所有元素的首地址　　　　　D．数组最后 1 个元素的首地址

10. 若有以下数组说明，则数值最小的元素和最大的元素下标分别是（　　）。

```
int a[12] ={1,2,3,4,5,6,7,8,9,10,11,12};
```

    A．1，12　　　　B．0，11　　　　C．1，11　　　　D．0，12

11. 若有以下说明，则数值为 4 的表达式是（　　）。

```
int a[12] ={1,2,3,4,5,6,7,8,9,10,11,12};char c='a',g;
```

    A．a[g–c]　　　　B．a[4]　　　　　C．a['d'–'c']　　D．a['d'–c]

12. 设有定义"char s[12] = "string" ;"，则"printf("%d\n",strlen(s));"的输出是（　　）。

    A．6　　　　　　　B．7　　　　　　　C．11　　　　　　D．12

13. 以下语句中，正确的是（　　）。

    A．char a[3][ ]={'abc', '1'};　　　　B．char a[ ][3] ={'abc', '1'};

    C．char a[3][ ]={'a', "1"};　　　　　D．char a[ ][3] ={ "a", "1"};

14. 数组定义为 int a[3][2]={1,2,3,4,5,6}，值为 6 的数组元素是（　　）。

    A．a[3][2]　　　　B．a[2][1]　　　　C．a[1][2]　　　　D．a[2][3]

15. 以下的程序中哪一行有错误（　　）。

```
#include <stdio.h>
void main()
{
    float array[5]={0.0};          //第 A 行
```

```
        int i;
        for(i=0;i<5;i++)
        scanf("%f",&array[i]);
        for(i=1;i<5;i++)
        array[0]=array[0]+array[i];        //第 B 行
        printf("%f\n",array[0]);           //第 C 行
    }
```

  A．第 A 行　　　　B．第 B 行　　　　C．第 C 行　　　　D．没有错误

16. 若有以下说明和语句，则输出结果是（　　）。

```
char str[]="\"c:\\abc.dat\"";
printf("%s",str);
```

  A．字符串中有非法字符　　　　　　　B．\"c:\\abc.dat\"
  C．"c:\abc.dat"　　　　　　　　　　　D．"c:\\abc.dat"

17. 在 C 语言中，以（　　）作为字符串结束的标志。

  A．'\n'　　　　　　B．' '　　　　　　C．'0'　　　　　　D．'\0'

18. 下列数据中属于"字符串常量"的是（　　）。

  A．"a"　　　　　　B．{ABC}　　　　　C．'abc\0'　　　　D．'a'

19. 字符串"ABCD"在内存占用的字节数是（　　）。

  A．4　　　　　　　B．6　　　　　　　C．1　　　　　　　D．5

20. 下述对 C 语言中字符数组的描述错误的是（　　）。

  A．字符数组可以存放字符串
  B．字符数组中的字符串可以整体输入和输出
  C．可在赋值语句中通过赋值运算符"="对字符数组整体赋值
  D．可在对字符数组定义时通过赋值运算符"="对字符数组整体初始化

21. 已知"char x[]="hello", y[]={'h','e','a','b','e'};"，则关于两个数组长度的正确描述是（　　）。

  A．相同　　　　B．x 大于 y　　　　C．x 小于 y　　　　D．以上答案都不对

22. 若给出以下定义，则正确的叙述为（　　）。

```
char x[ ]="abcdefg";
char y[ ]={'a','b','c','d','e','f','g'};
```

  A．数组 x 与数组 y 等价　　　　　　B．数组 x 与数组 y 的长度相同
  C．数组 x 的长度大于数组 y 的长度　　D．数组 x 的长度小于数组 y 的长度

23. 判断字符串 s1 与 s2 是否相等，应使用（　　）。

  A．if(s1==s2)　　　　　　　　　　　B．if(s1=s2)
  C．if(strcpy(s1,s2))　　　　　　　　D．if(strcmp(s1,s2)==0)

24. 对字符数组 s 赋值，不合法的是（　　）。

  A．char s[]="Beijing";
  B．char s[20]={"beijing"};
  C．char s[20]; s="Beijing";
  D．char s[20]={'B','e','i','j','i','n','g'};

25. 对字符数组 str 赋初值，str 不能作为字符串使用的是（　　）。

A. char str[]="shanghai";

B. char str[]={"shanghai"};

C. char str[9]={'s','h','a','n','g','h','a','i', '\0'};

D. char str[8]={ 's','h','a','n','g','h','a','i'};

26. 若有以下程序段，则执行该程序段后，a 的值为（　　）。

```
int *p, a=10, b=1;
p=&a, a=*p+b;
```

  A．12　　　　　　　B．11　　　　　　C．10　　　　　　D．编译出错

27. 若有说明 "int *p,a;"，则能通过 scanf 语句正确给 a 存入数据的语句是（　　）。

  A．p=&a; scanf("%d",p);　　　　　　B．scanf("%d",a);

  C．p=&a; scanf("%d",*p);　　　　　　D．*p=&a; scanf("%d",p);

28. 若 "int x, *pb; "，则正确的赋值表达式是（　　）。

  A．pb=&x　　　　B．pb=x;　　　　C．*pb=&x;　　　　D．*pb=*x

29. 若已定义 "int a[9], *p=a;"，并在以后的语句中未改变 p 的值，不能表示 a[1]地址的表达式是（　　）。

  A．p+1　　　　　　B．a+1　　　　　　C．a++　　　　　　D．++p

30. 若有以下说明和语句，则 p2−p1 的值为（　　）。

```
int a[10], *p1, *p2; p1=a; p2=&a[5];
```

  A．5　　　　　　　B．6　　　　　　　C．10　　　　　　D．非法

31. 若有以下说明，则数值为 6 的表达式是（　　）。

```
int a[10]={1,2,3,4,5,6,7,8,9,10}, *p=a;
```

  A．*p+6　　　　　B．*(p+6)　　　　C．*p+=5　　　　D．p+5

32. 以下程序的运行结果是（　　）。

```
int a[10]={1,2,3,4,5,6,7,8,9,10};
int *p=&a[3],*q;
q=p+2;
printf("%d",*p+*q);
```

  A．16　　　　　　B．10　　　　　　C．8　　　　　　D．6

33. 若有定义 "int a[3][4];"，则以下选项不能表示数组元素 a[1][1]的是（　　）。

  A．*(a[1]+1)　　　B．*(&a[1][1])　　C．(*(a+1))[1]　　D．*(a+5)

34. 若有说明 "int (*ptr)[M];"，则其中 ptr 是（　　）。

  A．M 个指向整型变量的指针

  B．指向 M 个整型变量的函数指针

  C．一个指向具有 M 个整型元素的一维数组的指针

  D．具有 M 个指针元素的一维指针数组，每个元素都只能指向整型量

35. 若有以下说明和语句，则（　　）是对 c 数组元素的正确引用。

```
int c[4][5], (*cp)[5];
cp=c;
```

A．cp+1   B．*(cp+3)   C．*(cp+1)+3   D．*(*cp+2)

36. 以下程序执行后的输出结果是（   ）。

```
void main()
{   int a[3][3], *p,i;
    p=&a[0][0];
    for(i=0; i<9; i++)p[i]=i+2;
    printf("%d\n",a[2][1]);
}
```

A．3   B．6   C．9   D．随机数

37. 以下能正确进行字符串赋值操作的是（   ）。

A．char s[5]={"ABCDE"};   B．char s[5]={'A','B','C','D','E'};

C．char *s ; s="ABCDE";   D．char *s; scanf("%s",s) ;

38. 以下程序段的运行结果是（   ）。

```
char *str="abcde";  str+=2 ; printf("%s,%c",str,*str);
```

A．cde   B．c,c   C．cde,c   D．有错

39. 请阅读以下程序，则该程序的输出结果是（   ）。

```
#include <stdio.h>
#include <string.h>
void main( )
{ char *s1="ABCDEF",*s2="aB";
  s1++; s2++;
  printf("%d\n",strcmp(s1, s2) );
}
```

A．正数   B．负数   C．零   D．不确定的值

40. 若有以下程序，则该程序运行后的输出结果是（   ）。

```
#include<stdio.h>
main()
{   char *a[]={"abcd","ef","gh","ijk"};  int  i;
     for(i=0;i<4;i++)  printf("%c",*a[i]);
}
```

A．aegi   B．dfhk   C．abcd   D．abcdefghijk

二、读程序写结果

1. 请写出以下程序的运行结果。

```
#include <stdio.h>
void main()
{
    int a[8]={1,0,1,0,1,0,1,0},i;
    for(i=2;i<8;i++)
        a[i]+= a[i-1] + a[i-2];
```

```c
    for(i=0;i<8;i++)
        printf("%5d",a[i]);
}
```

2. 请写出以下程序的运行结果。

```c
#include <stdio.h>
void main()
{
    float b[6]={1.1,2.2,3.3,4.4,5.5,6.6},t;
    int i;
    t=b[0];
    for(i=0;i<5;i++)
        b[i]=b[i+1];
    b[5]=t;
    for(i=0;i<6;i++)
        printf("%6.2f",b[i]);
}
```

3. 请写出以下程序的运行结果。

```c
#include <stdio.h>
void main()
{
    int a[3][3]={1,3,5,7,9,11,13,15,17};
    int sum=0,i,j;
    for (i=0;i<3;i++)
        for (j=0;j<3;j++)
        {   a[i][j]=i+j;
            if (i==j)
                sum=sum+a[i][j];
        }
    printf("sum=%d",sum);
}
```

4. 请写出以下程序的运行结果。

```c
#include <stdio.h>
void  main()
{   int a[4][4],i,j;
    for (i=0;i<4;i++)
        for (j=0;j<4;j++)
            a[i][j]=i-j;
    for (i=0;i<4;i++)
    {   for (j=0;j<=i;j++)
            printf("%4d",a[i][j]);
        printf("\n");
    }
}
```

5. 请写出以下程序的运行结果。

```c
#include <stdio.h>
void main()
{
    char ch[3][5]={ "AAAA","BBB","CC"};
    printf("\"%s\"\n",ch[1]);
}
```

6. 请说明以下程序的功能。

```c
#inlcude <stdio.h>
#include <string.h>
void main()
{
    char str[10][80],c[80];
    int i;
    for(i=0;i<10;i++)
        gets(str[i]);
    strcpy(c,str[0]);
    for(i=1;i<10;i++)
        if(strlen(c)<strlen(str[i]))
            strcpy(c,str[i]);
    puts(c);
}
```

7. 请写出以下程序的运行结果。

```c
#include <stdio.h>
void main( )
{
    int  m[3][3]={{1},{2},{3}};
    int  n[3][3]={1,2 ,3};
    printf("%d,", m[1][0]+n[0][0]);
    printf("%d\n",m[0][1]+n[1][0]);
}
```

8. 请写出以下程序的运行结果。

```c
#include <stdio.h>
void main( )
{
    int n[3][3], i, j;
    for(i=0;i<3;i++ )
    {
        for(j=0;j<3;j++ )
        {
            n[i][j]=i+j;
            printf("%d  ", n[i][j]);
        }
```

```
            printf("\n");
        }
}
```

9. 请写出以下程序的运行结果。

```
#include <stdio.h>
void main( )
{   int i, f[10];
    f[0]=f[1]=1;
    for(i=2;i<10;i++)
        f[i]=f[i-2]+f[i-1];
    for(i=0;i<10;i++)
    {   if(i%4==0)
            printf("\n");
        printf("%d  ",f[i]);
    }
}
```

10. 请写出以下程序的运行结果。

```
#include <stdio.h>
void main( )
{
    int a[2][3]={{1,2,3},{4,5,6}};
    int b[3][2],i,j;
    for(i=0;i<=1;i++)
    {
        for(j=0;j<=2;j++)
            b[j][i]=a[i][j];
    }
    for(i=0;i<=2;i++)
    {
        for(j=0;j<=1;j++)
            printf("%5d",b[i][j]);
    }
}
```

11. 请写出以下程序的运行结果。

```
#include"stdio.h"
void main( )
{   int j,k;
    int x[4][4]={0},y[4][4]={0};
    for(j=0;j<4;j++)
        for(k=j;k<4;k++)
            x[j][k]=j+k;
    for(j=0;j<4;j++)
        for(k=j;k<4;k++)
            y[k][j]=x[j][k];
```

```
    for(j=0;j<4;j++)
        for(k=0;k<4;k++)
            printf("%d,",y[j][k]);
}
```

12. 请写出以下程序的运行结果。

```
#include <stdio.h>
void main( )
{
    char a[8],temp; int j,k;
    for(j=0;j<7;j++) a[j]='a'+j;  a[7]='\0';
    for(j=0;j<3;j++)
    {
        temp=a[6];
        for(k=6;k>0;k--) a[k]=a[k-1];
        a[0]=temp;
        printf("%s\n",a);
    }
}
```

13. 请写出以下程序的运行结果。

```
#include <stdio.h>
#include <string.h>
void main( )
{ int i;
    char str1[ ]="*******";
    for(i=0;i<4;i++)
    {
        printf("%s\n",str1);
        str1[i]=' ';
        str1[strlen(str1)-1]='\0';
    }
}
```

14. 有以下程序，若输入 upcase，则写出程序运行结果；若输入 Aa1Bb2Cc3，则写出程序运行结果。

```
#include <stdio.h>
void main()
{
    char str[80];
    int i=0;
    gets(str);
    while(str[i]!=0)
    {
        if(str[i]>='a'&&str[i]<='z')
            str[i]-=32;
        i++;
```

```
    }
    puts(str);
}
```

15. 请写出以下程序的运行结果。

```
#include <stdio.h>
void main()
{
    int *p1,*p2,*p;
    int a=5,b=8;
    p1=&a; p2=&b;
    if(a<b) { p=p1; p1=p2; p2=p;}
    printf("%d,%d\n",*p1,*p2);
    printf("%d,%d\n",a,b);
}
```

16. 请写出以下程序的运行结果。

```
#include <stdio.h>
void main()
{   int *p1,*p2,*p;
    int a=5,b=8,c;
    p1=&a; p2=&b;p=&c;
    if(a<b) { *p=*p1; *p1=*p2; *p2=*p;}
    printf("%d,%d\n",*p1,*p2);
    printf("%d,%d\n",a,b);
}
```

17. 请写出以下程序的运行结果。

```
void main()
{   int a[]={2,4,6,8,10};
    int y=1,x,*p;
    p=&a[1];
    for(x=0;x<3;x++)   y+=*(p+x);
    printf("y=%d\n",y);
}
```

18. 请写出以下程序的运行结果。

```
void main()
{   char b[ ]="ABCDEFG";
    char *chp=&b[7];
    while(--chp>&b[0])
    putchar(*chp);
    putchar('\n');
}
```

19. 请写出以下程序的运行结果。

```
void main()
```

```
    {   char s[]="ABCD",*p;
        for(p=s+1;p<s+4;p++)
        printf("%s\n",p);
    }
```

20. 请写出以下程序的运行结果。

```
void main( )
{  int a[5]={2,4,6,8,10},*p,* *k;
   p=a; k=&p;
   printf("%d, ",*(p++));
   printf("%d\n",* *k);
}
```

21. 请写出以下程序的运行结果。

```
#include <stdio.h>
void main()
{  int a[2][3]={1,3,5,2,4,6};
   int *add[2][3]={*a,*a+1,*a+2,*(a+1),*(a+1)+1,*(a+1)+2};
   int **p,i;
   p=add[0];
   for(i=0;i<6;i++)
    { printf("%d ",**p);  p++;}
     printf("\n");
}
```

三、填空题

1. 下面的程序的功能是输出数组中最大元素的下标（p 表示最大元素的下标）。请填空完成程序。

```
#include <stdio.h>
void main()
{
            (1)
     int s[]={1,-3,0,-9,8,5,-20,3};
     for(i=0,p=0;i<8;i++)
         if(s[i]>s[p])    (2)    ;
            (3)

}
```

2. 若输入 20 个数，则输出它们的平均值，输出与平均值之差的绝对值最小的数组元素。请填空完成程序。

```
#include <stdio.h>
      (1)
void main()
{
    float a[20],pjz=0,s,t;
    int i,k;
```

```
for(i=0;i<20;i++)
{
    scanf("%f",&a[i]);
    pjz+=_____(2)_____;
}
s=fabs(a[0]-pjz);
t=a[0];
for(i=1;i<20;i++)
    if( fabs(a[i]-pjz)<s )
    {    _____(3)_____
        t=a[i];
    }
    _____(4)_____
}
```

3. 输出行、列号之和为 3 的数组元素。请填空完成程序。

```
void main( )
{    char ss[4][3]={'A','a','f','c','B','d','e','b',
                    'C','g','f','D'};
    int x,y,z;
        for (x=0;_____(1)_____;x++)
            for (y=0;_____(2)_____;y++)
    {   z=x+y;
            if _____(3)_____ printf("%c\n",ss[x][y]);
        }
}
```

4. 有一行文字，要求删除某个字符。此行文字和要删除的字符均由键盘输入，要删除的字符以字符形式输入（如输入 a 表示要删去所有的字符 a）。请填空完成程序。

```
#include <stdio.h>
void main()
{   /*str1 表示原来的一行文字，str2 表示删除指定字符后的文字*/
    char str1[100],str2[100];
    char ch;
    int i=0,k=0;
    printf("please input an sentence:\n");
    gets(str1);
    scanf("%c",&ch);
    for (i=0;_____(1)_____;i++)
        if (str1[i]!=ch)
        { str2[_____(2)_____]=str1[i]; k++; }
    str2[_____(3)_____]='\0';
    printf("\n%s\n",str2);
}
```

5. 找出 10 个字符串中的最大者。请填空完成程序。

```
#include <stdio.h>
#include <string.h>
#define N 10
void main()
{   char str[20],s[N][20];
    int i;
    for (i=0;i<N;i++)
        gets(_____(1)_____);
    strcpy(str,s[0]);
    for(i=1;i<N;i++)
        if (____(2)____>0) strcpy(str,s[i]);
    printf("The longest string is : \n%s\n",str);
}
```

6. 以下程序以每行 10 个数据的形式输出数组 a，请填空完成程序。

```
#include <stdio.h>
void main( )
{
    int a[50],i;
    printf("输入 50 个整数:");
    for(i=0; i<50; i++)  scanf( "%d", ____(1)____ );
    for(i=1; i<=50; i++)
    {   if(____(2)____)
            printf( "%3d\n" ,____(3)____ ) ;
        else printf( "%3d",a[i-1]);
    }
}
```

7. 以下程序的功能是：求出数组 x 中各相邻两个元素的和，并依次存放到数组 a 中，然后输出。请填空完成程序。

```
#include< stdio.h >
void main()
{
    int x[10],a[9],i;
    for (i=0;i<10;i++)
        scanf("%d",&x[i]);
    for(____(1)____; i<10 ;i++)
        a[i-1]=x[i]+ ____(2)____ ;
    for(i=0;i<9;i++)
        printf("%3d",a[i]);
    printf("\n");
}
```

8. 以下程序是使用数组来处理、打印斐波那契数列的前 20 项。在打印时，每行打印 10 个数字。斐波那契数列的格式为：当 n=0 时，fbnq [0]=0；当 n=1 时，fbnq [1]=1；当 n>1 时，fbnq [n]=fbnq [n−1]+fbnq [n−2]。请填空完成程序。

```
#include "stdio.h"
void main( )
{   int fbnq[20];
    int  line=0, j ;
    fbnq[0]=0;
    fbnq[1]=1;
    for(j=    (1)    ; j<20; j++)
          (2)    ;
    for(j=0; j<20; j++)
    { printf("%d",fbnq[j]);
        line++;
        if(line==10)
        {   line=0;
            printf("\n");
        }
    }
}
```

9. 以下程序的功能是：利用指针指向 3 个整型变量，并通过指针运算找出 3 个数中的最大值，输出到屏幕上，请填空完成程序。

```
#include"stdio.h"
void main()
{
    int x,y,z,max,*px,*py,*pz,*pmax;
    scanf("%d%d%d",&x,&y,&z);
    px=&x;
    py=&y;
    pz=&z;
    pmax=&max;
    _____
    if(*pmax<*py)*pmax=*py;
    if(*pmax<*pz)*pmax=*pz;
    printf("max=%d\n",max);
}
```

10. 输出数组中的最大值，由 s 指针指向该元素。请填空完成程序。

```
void main( )
{ int a[10]={6, 7, 2, 9, 1, 10, 5, 8, 4, 3}, *p, *s;
    for (p=a,s=a;    (1)    ; p++)
    if (    (2)    ) s=p;
    printf ("The max: %d",*s) :
}
```

11. 删除字符串 s 中的所有数字字符。请填空完成程序。

```
#include <stdio.h>
void main()
```

```
{
    char s[100];
    int n=0,i;
    gets(s);
    for(i=0;____(1)____;i++)
        if(____(2)____) { *(s+n)=*(s+i); n++;}
    *(s+n)= ____(3)____;
    puts(s);
}
```

12. 比较字符串 s1 和 s2，若相等，则显示 0；否则显示第一对不同字符的 ASCII 码的差值。请填空完成程序。

```
#include <stdio.h>
void main()
{
    char a[100],b[100],*s1,*s2;
    int n;
    s1=a;s2=b;
    gets(s1);gets(s2);
    while (*s1 = = *s2)
    {
        if (*s1=='\0') ____(1)____;
        s1++; s2++;
    }
    if (*s1= =*s2) ____(2)____;
    else ____(3)____;
    printf("%d",n);
}
```

13. 将字符串 s 和字符串 t 交叉合并放在字符串 u 中。例如：当 s="abcd"，t="1234567" 时，字符串 u 为"a1b2c3d4567"。请填空完成程序。

```
#include <stdio.h>
void main()
{
    char s[100],t[100],u[200];
    char * p1=s,*p2=t,*p3=u;
    gets(s);gets(t);
    while(____(1)____)
    {
        if(*p1)  *p3++=*p1++;
        if(*p2)  *p3++=*p2++;
    }
    ____(2)____;
    puts(p3);
}
```

四、编程题

1. 已知有一个正整数数组，包含 n 个元素，要求编程求出其中的素数之和以及所有素数的平均值。

2. 已知有一个数组，数组内放 10 个整数。要求找出最小的数和它的下标，然后把它和数组中最前面的元素对换位置。

3. 已知有 n 个数已按由小到大的顺序排好，要求输入一个数，把它插入到原有序列中，而且仍然保持有序。

4. 输入 n 个数到数组中，输出所有大于 n 个数的平均值的数。

5. 输入 n 个数到数组中，选出其中最大的数和最小的数，并分别将它们与最前面和最后面的数互换。

6. 用选择法对 10 个整数由大到小进行排序。

7. 用筛选法求 2 到 100 之间的素数。方法为：首先 2 是素数，凡是 2 的倍数都不是素数，于是把这些数从数表中筛去，2 以后没有被筛去的第一个数是 3，然后把 3 的倍数都从数表中筛去，3 以后没被筛去的第一个数是 5，然后把 5 的倍数都从数表中筛去。如此下去，直到遇到某数 K（K≤n），其后没有数可筛选为止，这时保留下的未被筛去的数就是 2 到 n 之间的素数。

8. 求一个 3×3 矩阵两条对角线上的元素之和（每个元素只加一次）。

9. 打印如下形式的杨辉三角形。输出前 10 行，从第 0 行开始，分别用一维数组和二维数组实现。

```
1
1    1
1    2    1
1    3    3    1
1    4    6    4    1
1    5    10   10   5    1
```

10. 在一个二维的整型数组中，每行都有一个最大值，编程求出这些最大值以及它们的和。

11. 把一个二维实型数组 a 按照第 0 列的元素进行排序（由小到大排序，用起泡法）。例如，若 a[i][0]>a[i+1][0]，则 i 行与 i+1 行中所有元素都要进行对换。

12. 将一个字符串的前 n 个字符送到一个字符型数组中去，然后再加上一个'\0'（不允许使用 strcpy(str1,str2,n)函数）。

13. 将字符数组 A 中下标为双号（0,2,4,6,8…）的元素值传给另一个字符数组 B，然后将数组 B 的元素按逆序输出。

14. 已知有一行字符，统计其中的单词个数（单词之间以空格分隔），并将每个单词的第一个英文字母改为大写英文字母。

15. 已知有 n 个国家名，要求按英文字母先后顺序排列（用起泡排序法）后输出。

16. 有 17 个人围成一圈（编号为 0～16），第 0 号的人从 1 开始报数，凡报到 3 的倍数的人离开圈子，然后再继续报数，直到最后只剩下一个人为止。问此人原来的位置是多少号？

17. 输出如下形式的方阵。要求：不允许使用键盘输入语句和静态赋值语句，尽量少用循环。

```
1 2 2 2 2 2 1
3 1 2 2 2 1 4
3 3 1 2 1 4 4
3 3 3 1 4 4 4
3 3 1 5 1 4 4
3 1 5 5 5 1 4
1 5 5 5 5 5 1
```

18．打印所有不超过 n（$n<256$），且它的平方具有对称性的数（也称回文数）。

19．求 n 个数中的最大值以及最大值出现的次数，然后求出次大值（次大值一定存在）。

20．找出 $m \times n$ 数组中所有不相邻元素，并求出它们的和（相邻的数：前一个是偶数，后一个是素数）。

21．圆盘上有如下图所示的 20 个数，请找出哪 4 个相邻数之和最大，并指出它们的起始位置及最大和的值。

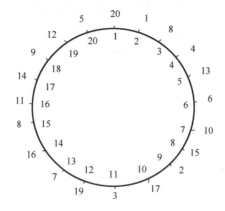

22．已知 100 个自然数 1～100，当取 1、2、3、4 时，我们可将其排成一圈使每两个数之和都是素数，即→1→2→3→4→，问 1～100 内连续取 n 个数，即 1～ n（$n \leqslant 100$）能满足上述要求的最大的 n 是多少？

23．统计一个单位职工的年龄，要求把相同年龄最多的那个年龄找出来（可能有几个这样的年龄），并统计该年龄出现的次数。

24．通过指针变量来交换两个整型变量的值。

25．在一个一维数组中查找是否存在某个数值（由键盘输入）。

26．从键盘输入 10 名学生的成绩，显示其中的最低分、最高分及平均成绩。要求利用指针编写程序。

27．输入 10 个整数，将其中最小的数与第一个数对换，把最大的数与最后一个数对换。要求利用指针编写程序。

28．把 4×5 的二维数组的第 m 行与第 n 行互换，其中 m、n 由键盘输入。要求利用指针编写程序。

29．将一个字符串中的所有前导"*"删除，如："*****ab*c*def****"变成"ab*c*def******"，利用指针来完成。

30．删除一个字符串中的所有小写英文字母。要求利用指针编写程序。

31. 将 5 个字符串，按英文字母顺序（由小到大）输出（用起泡法排序）。要求利用指针编写程序。

32. 找出 10 个字符串中长度最长的字符串输出。要求利用指针编写程序。

【习题参考答案】

一、选择题

1～5： CDBCA	6～10： DABAB
11～15： DADBD	16～20： CDADC
21～25： BCDCD	26～30： BAACA
31～35： CBDCD	36～40： CCCAA

二、读程序写结果

1. 1　0　2　2　5　7　13　20

2. 2.20　3.30　4.40　5.50　6.60　1.10

3. sum=6

4.
```
        0
        1    0
        2    1    0
        3    2    1    0
```

5. "BBB"

6. 输入 10 个字符串，找出最长的串并输出。

7. 3,0

8.
```
    0  1  2
    1  2  3
    2  3  4
```

9.
```
    1   1   2   3
    5   8   13  21
    34  55
```

10. 1　4　2　5　3　6

11. 0,0,0,0,1,2,0,0,2,3,4,0,3,4,5,6,

12. gabcdef
    fgabcde
    efgabcd

13.
```
    *******
    *****
    ***
    *
```

14. UPCASE

AA1BB2CC3

15. 8，5

　　5，8

16. 8，5

　　8，5

17. 19

18. GFEDCB

19. BCD

　　CD

　　　D

20. 2，4

21. 1　3　5　2　4　6

三．填空题

1. （1）int　i,p

　　（2）p=i

　　（3）printf("%d\n",p);

2. （1）#include "math.h"

　　（2）a[i]/20

　　（3）s=fabs(a[i]−pjz);

　　（4）printf("%f,%f\n",pjz,t);

3. （1）x<4

　　（2）y<3

　　（3）z= =3

4. （1）str[i]!='\0'

　　（2）k

　　（3）k

5. （1）s[i]

　　（2）strcmp(s[i],str)

6. （1）&a[i]

　　（2）i%10==0

　　（3）a[i−1]

7. （1）i=1

　　（2）x[i−1]

8. （1）2

　　（2）fbnq[j]=fbnq[j−1]+fbnq[j−2]

9. *pmax=*px（或*pmax=x）

10. （1）p<a+10

　　（2）*p>*s

11. （1）s[i]或s[i]!=0 或s[i]!='\0'

（2）s[i]>='0'&&s[i]<='9'

（3）'\0'

12.（1）break

（2）n=0

（3）n=*s1−*s2

13.（1）*p1||*p2 或 *p1!='\0'||*p2!='\0'

（2）*p3='\0'

四、编程题

略。

第 5 章

构造类型数据（二）

【典型例题解析】

一、选择题

1. 设有以下说明语句，则下面的叙述中不正确的是（   ）。

```
struct ex
{ int x; float y;char  z; } example;
```

A．struct 是定义结构体类型的关键字   B．example 是结构体类型名

C．x、y、z 都是结构体成员名   D．struct ex 是结构体类型名

答案：B

解析：本题考查的是结构体类型的基本概念。在定义结构体类型时，系统规定用 struct 作为关键字，故选项 A 正确，同时 struct 也作为新类型名的一部分，所以选项 D 正确。系统规定结构体类型"{}"之间的是结构体的成员，所以选项 C 正确。而 example 在这里是结构体类型 struct ex 的变量，不是类型名，故答案是 B。

2. 已知学生记录描述为以下程序，设变量 s 中的"生日"应是"1984 年 11 月 11 日"，下列对"生日"的正确赋值方式是（   ）。

```
struct student
{
    int no;
    char name[20];
    char sex;
    struct{int year; int month; int day; }birth;
};
struct student s;
```

A．year=1984;month=11;day=11;

B．birth.year=1984;birth.month=11;birth.day=11;

C．s.year=1984;s.month=11;s.day=11;

D．s.birth.year=1984;s.birth.month=11;s.birth.day=11;

答案：D

解析：本题考查的是结构体变量的使用问题。在访问结构体变量的成员时，可以用两种运算符（即成员运算符），圆点运算符 "." （用于普通变量）和箭头运算符 "–>" （用于指针变量）。本题中定义的是结构体的普通变量，所以要用圆点运算符，故选项 A 错误。由于 year、month、day 是结构体变量 birth 的成员，而 birth 也是结构体变量的成员，它们都需要用到成员运算符，故选项 B 错误。选项 C 中的 year 等不是 s 的直接成员，不能为 s.year，故选项 C 错误。故答案为 D。

3．若有以下定义，则能输出英文字母 M 的语句是（　　）。

```
struct person { char name[9]; int age;};
struct person class[10]={"Johu",17,"Paul",19,"Mary",18,"Adam",16};
```

A．prinft（" %c\n", class[3].name）;

B．printf（" %c\n", class[3].name[1]）;

C．prinft（" %c\n", class[2].name[1]）;

D．printf（" %c\n", class[2].name[0]）;

答案：D

解析：本题考查的是结构体数组的初始化问题。数组的下标是从 0 开始的。根据题目可知，"johu"、17 是赋值给 class[0] 的 name、age；"Paul"、19 是赋值给 class[1] 的 name、age；"Mary"、18 是赋值给 class[2] 的 name、age；"adam"、16 是赋值给 class[3] 的 name、age 的。因此'M'字符是在 class[2] 中的 name 数组的第 0 个成员。故答案为 D。

4．设有以下定义。若有"p=&data;"，则对 data 中的 a 域的正确引用是（　　）。

```
struct sk {int a ;float b ;}data,*p ;
```

A．(*p).data.a　　　　B．(*p).a　　　　C．p–>data.a　　　　D．p.data.a

答案：B

解析：本题考查的是结构体指针的基本使用。本题中 data 是结构体类型 struct sk 的变量，p 是 struct sk 类型的指针，同时 p 指向 data。可以通过 data 直接访问它的成员 a，即 data.a；也可通过指针 p 间接的访问 data 的成员 a，即 p–>a 或(*p).a。其他选项都存在语法错误，故答案为 B。

5．若有以下说明和定义语句，则引用结构体变量成员的表达式错误的是（　　）。

```
struct student
{ int age; char num[8];};
struct student stu[3]={{20,"200401"},{21,"200402"},{19,"200403"}};
struct student *p=stu;
```

A．(p++)–>num　　　　B．p–>num　　　　C．(*p).num　　　　D．stu[3].age

答案：D

解析：本题考查的是结构体数组和结构体指针的基本使用。本题中定义了一个结构体数组 stu，它有 3 个元素，下标是 0、1、2，故选项 D 中 stu[3] 错误。stu 是数组名，本质上是一个指针常量，是 stu[0] 元素的地址，而 p 是一个结构体指针，它与 stu 一样，保存了 stu[0] 的地址。通过指针可以有前 3 个选项的用法，stu 是数组名，它有 3 个元素，下标从 0 开始，而没有 stu[3]。故答案为 D。

6. 若有以下语句，则下面叙述正确的是（   ）。

```
typedef struct stu
{
    char name[20];
    int age;
}TT;
```

A. 可以用 stu 定义结构体变量 　　B. stu 是结构体 struct 类型的变量

C. 可以用 TT 定义结构体变量 　　D. TT 是 struct stu 类型的变量

答案：C

解析：本题考查的是 typedef 的用法。typedef 用来给已有类型起别名，因此本题中 TT 是类型 struct stu 的别名，也是类型名，代表了 struct stu，只是书写更为简单、方便而已。可以用 TT 来定义变量。其他选项均错误，故答案为 C。

二、读程序写结果

1. 请写出以下程序的运行结果。

```
#include <stdio.h>
struct st { int x;int *y;} *p;
int dt[4]={10,20,30,40};
struct st aa[4]={50,&dt[0],60,&dt[1],70,&dt[2],80,&dt[3] };
void main()
{ p=aa;
    printf("%d, ", p->x);
    p++;
    printf("%d\n",*(p->y));
}
```

答案：50,20

解析：本题考查的是结构体、指针、数组等综合内容。本题中 aa 是结构体数组，p 是指向结构体变量的指针（p=aa），即 p 开始指向 aa[0]，p->x 等价于 aa[0].x。根据 aa 数组的初始化看出 50、&dt[0]是分别赋值给 aa[0]的 x、y 成员的，60、&dt[1]是分别赋值给 aa[1]的 x、y 成员的。所以第一个 printf 输出 50，之后执行 p++，即 p 指向 aa[1]，p->y 等价于 aa[1].y，根据结构体的定义可知，aa[1].y 也是指针变量，值为&dt[1]，因此*(p->y)，即 dt[1]，值是 20。

2. 请写出以下程序的运行结果。

```
struct NODE
{ int k;
    struct NODE *link;
};
void main()
{  struct NODE m[5],*p=m,*q=m+4;
    int i=0;
    while(p!=q)
    {
            p->k=++i; p++;
```

```
        q->k=i++; q--;
    }
    q->k=i;
    for(i=0;i<5;i++) printf("%d",m[i].k);
    printf("\n");
}
```

答案：13431

解析：本题考查的是结构体类型的数组和指针的应用。本题定义了一个具有 5 个元素的结构体类型的数组 m，并同时将结构体类型的指针变量 p 指向了数组的第一个元素，q 指向了数组的最后一个元素，所以当第一次循环时，即当 i=0 时，p->k 等价于 m[0].k，q->k 等价于 m[4].k，具体程序执行过程如下。

当 p=m，q=m+4 时，条件 p!=q 成立，执行"p->k=++i;"，因为是"前加"，所以 m[0].k=1。执行 p++ 后为"p=m+1;"，再执行"q->k=i++;"，因为是"后加"，所以 m[4].k=1，然后使得 i 加上 1，即执行 i=2，q-- 后，q=m+3。

当 p=m+1，q=m+3 时，条件 p!=q 成立，执行"p->k=++i;"，因为是"前加"，所以 i=3，m[0].k=3。执行 p++ 后为"p=m+2;"，再执行"q->k=i++;"，因为是"后加"，所以 m[4].k=3，即执行 i=4，q-- 后，q=m+2。

当 p=m+2，q=m+2 时，条件 p!=q 不成立，则执行"q->k=i;"即 m[2].k=4，故输出的值为 13431。

【习题】

一、选择题

1. 若有如下定义，则以下对结构体变量成员的引用错误的是（　　）。

```
struct stu
{   char name[8];
    int age;
    float score;
}boy;
```

A. boy.name="王勇";　　　　　　　　　　　　B. boy.age=22;

C. boy.score=86;　　　　　　　　　　　　　　D. strcpy(boy.name,"李明");

2. 当说明一个结构体变量时，系统分配给它的内存是（　　）。

A. 各成员所需要内存量的总和

B. 结构体中第一个成员所需内存量

C. 成员中占内存量最大者所需的容量

D. 结构中最后一个成员所需内存量

3. 以下程序的输出结果是（　　）。

```
void    main ()
{   struct cmplx { int x; int y;} cnum[2]={1,3,2,7};
    printf ("%d\n",cnum[0].y/cnum[0].x*cnum[1].x);
}
```

A. 0　　　　　　　　B. 1　　　　　　　　C. 3　　　　　　　　D. 6

4. 若有以下程序，则其运行结果是（　　）。

```c
#include <stdio.h>
void main ()
{
    struct STU
    {
        char name[9];
        char sex;
        double score[2];
    };
    struct STU a={"Zhao",'m',85.0,90.0}, b={"Qian",'f',95.0,92.0};
    b=a;
    printf("%s,%c,%2.0f,%2.0f\n",b.name,b.sex,b.score[0],b.score[1]);
}
```

A. Qian,f,95,92　　　B. Qian,m,85,90　　　C. Zhao,f,95,9　　　D. Zhao,m,85,90

5. 若有以下结构体定义的形式，则 scanf 函数调用语句错误的是（　　）。

```c
struct stu
{   char name[8];
    int age;
    float score;
}s[3],*p;
p=s;
```

A. scanf("%s",s[0].name);　　　　　　　　B. scanf("%d",&s[0].age);

C. scanf("%f",&p->score);　　　　　　　　D. scanf("%d",p->age);

6. 以下叙述中错误的是（　　）。

A. 用 typedef 可以定义各种类型名，但不能用来定义变量

B. 用 typedef 可以增加新类型

C. 用 typedef 只是将已存在的类型用一个新的标识符来代表

D. 用 typedef 定义新的类型名后，原有类型名仍然有效

7. 以下选项中，能定义 s 为合法的结构体变量的是（　　）。

A.　typedef struct abc　　　　　　　B.　struct
　　　{ double a;　　　　　　　　　　　{ double a;
　　　　char b[10]　　　　　　　　　　　char b[10]
　　　} s;　　　　　　　　　　　　　　} s;

C.　struct ABC　　　　　　　　　　D.　typedef ABC
　　　{ double a;　　　　　　　　　　　{ double a;
　　　　char b[10]　　　　　　　　　　　char b[10]
　　　};　　　　　　　　　　　　　　};
　　　ABC s;　　　　　　　　　　　　ABC s;

8. 假定已建立以下链表结构，且指针 p 和 q 已指向如下图所示的节点，则以下选项中可将 q 所指的节点从链表中删除，并释放该节点的语句组是（　　）。

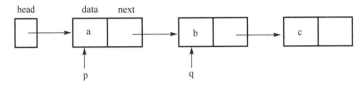

A．(*p).next=(*q).next;free(p);　　　　B．p=q.>next; free(q);

C．p=q;free(q);　　　　D．p–>next =q–>next; free(q);

9. 下列程序的运行结果是（　　）。

```c
#include "stdio.h"
union ss
{ short n;
    char c[2];
};
void main()
{   union ss x;
    x.n=11;
    x.c[0]=1;
    x.c[1]=0;
    printf("%d",x.n);
}
```

A．1　　　　　　B．266　　　　　　C．256　　　　　　D．128

10. 当定义一个共用体变量时，系统分配给它的内存是（　　）。

A．各成员所需内存量的总和　　　　B．成员中第一个成员所需内存量

C．成员中占内存量最大的容量　　　　D．成员中最后一个成员所需内存

11. 若有如下程序段，则以下语句正确的是（　　）。

```c
union data { int i; char c; float f;} a;
int n;
```

A．a=5;　　　B．a={2,'a',1.2}　　　C．printf("%d",a);　　　D．n=a;

12. 设有定义语句"enum t1 {a1, a2 = 7, a3, a4 = 15} time;"，则枚举常量 a2 和 a3 的值分别为（　　）。

A．1 和 2　　　B．2 和 3　　　C．7 和 2　　　D．7 和 8

13. 已知"enum color{red,green,yellow=5,white,black};"定义了一个枚举类型。编译程序为值表中各标识符分配的枚举值依次为（　　）。

A．1 2 3 4 5　　B．0 1 5 2 3　　　C．0 1 5 6 7　　　D．3 4 5 6 7

二、读程序写结果

1. 请写出以下程序的运行结果。

```c
#include <stdio.h>
struct abc { int a, b, c; };
main()
```

```
{ struct abc s[2]={{1,2,3},{4,5,6}};
    int t;
    t=s[0].a+s[1].b;
    printf("%d \n",t);
}
```

2. 请写出以下程序的运行结果。

```
#include <stdio.h>
#include <stdlib.h>
struct NODE
{   int num; struct NODE *next; };
void main()
{   struct NODE *p,*q,*r;
    p=(struct NODE*)malloc(sizeof(struct NODE));
    q=(struct NODE*)malloc(sizeof(struct NODE));
    r=(struct NODE*)malloc(sizeof(struct NODE));
    p->num=10; q->num=20; r->num=30;
    p->next=q;q->next=r;
    printf("%d\n",p->num+q->next->num);
}
```

3. 请写出以下程序的运行结果。

```
#include <stdio.h>
union myun
{   struct
    {   int x, y, z; } u;
    int k;
} a;
void main()
{   a.u.x=4; a.u.y=5; a.u.z=6;
    a.k=0;
    printf("%d\n",a.u.x);
}
```

4. 请写出以下程序的运行结果。

```
enum coin { penny,nickel,dime,quarter,half_dollar,dollar};
char *name[]={"penny","nickel","dime","quarter","half_dollar","dollar"};
void main()
{
    enum coin money1,money2;
    money1=dime;
    money2=dollar;
    printf ("%d %d\n",money1,money2);
    printf ("%s %s\n",name[(int)money1],name[(int)money2]);
}
```

三、填空题

1. 每名学生都有学号和 3 门课成绩，计算 3 名学生第 0 门课成绩的和。请填空完成以下程序。

```c
#include <stdio.h>
struct STU
{    (1)    ;float score[3];};
void main()
{   struct STU s[3]={{"20021",90.0,95,85},{"20022",95.0,80,75},
        {"20023",100,95.0,90}};
    int i; float sum=0;
    for(i=0;i<3;i++)
        sum=sum+    (2)    ;
    printf("num is %s,sum is %6.2f\n",s[0].num, sum);
}
```

2. 首先定义一个复数数据类型，即结构类型，然后按照复数的运算规则进行计算，并按照复数表示的格式进行输出。请填空完成以下程序。

```c
void main()
{   struct complex
    {   int re;
        int im;
    }x,y,s,p;
    scanf("%d%d",&x.re,&x.im);
    scanf("%d%d",&y.re,&y.im);
    s.re=    (1)    ;
    s.im=    (2)    ;
    printf("   sum=%5d+i*%5d\n",s.re,s.im);
    p.re=    (3)    ;
    p.im=x.re*y.im+x.im*y.re;
    printf("product=%5d+i*%5d\n",p.re,p.im);
}
```

3. 有 4 名学生，每名学生的数据包括学号、姓名、成绩，要求找出成绩最高那名学生的学号、姓名和成绩（用指针方法）。请填空完成以下程序。

```c
void main()
{   struct student
    {   int num;char name[20];float score;};
    struct student stu[4];
    struct student *p;
    int i,temp=0;
        (1)    ;
    for(    (2)    )
    {   scanf("%d%s%f",&p->num,p->name,&s0);
```

```
        p->score=s0;
    }
    for( __(3)__ ;i<4;i++)
    if(stu[i].score>amax)
    {amax=stu[i].score;    temp=i;    }
    _____(4)_____ ;
    printf(" NO: %d\n name: %s\n score: %4.1f\n",p->num,p->name,p->score);
}
```

4. 有 4 名学生，每名学生的数据包括学号、姓名、成绩，要求按成绩由高到低进行排序（要求用指针数组法）。请填空完成以下程序。

```
struct student
{ int num;   char name[10];   float score; };
int n=4;
void main()
{    ____(1)____ stu[4]={1,"sdff",34.5,2,"hfhf",67.0,3,"dgdg",90.0,4,"yd",85.0};
    struct student *p[4],*pp;
    int i,j;
    for(i=0;i<4;i++)
        _____(2)_____ ;
    printf("********************************\n");
    for(i=0;i<4;i++)
        printf("%4d %-10s %7.1f\n",stu[i].num,stu[i].name,stu[i].score);
    for(i=0;i<n-1;i++)
        for(j=i+1;j<n;j++)
            if(____(3)____)
                { pp=p[i];p[i]=p[j];p[j]=pp;}
    printf("********************************\n");
    for( _____(4)_____ )
    printf("%4d  %-10s %7.1f\n",p[i]->num,p[i]->name,p[i]->score);
    printf("********************************\n");
}
```

四、编程题

1. 有 n 名学生，每名学生的数据包括学号、姓名、3 门课程的成绩，从键盘输入 n 名学生数据，要求打印出每名学生 3 门课程的平均成绩，以及平均成绩最高的学生的数据（包括学号、姓名、3 门课程的成绩、平均成绩）。

2. 输入学生成绩登记表中的信息（如下表所示），按成绩从低到高排序后再输出成绩表，并求学生的总成绩。

学生成绩登记表

学号	姓名	数学成绩
1	Zhang	90
2	Li	85
3	Wang	73

（续表）

学号	姓名	数学成绩
4	Ma	92
5	Zhen	86
6	Zhao	100
7	Gao	87
8	Xu	82
9	Mao	78
10	Liu	95

输出格式如下。

```
3    Wang     73
9    Mao      78
8    Xu       82
2    Li       85
5    Zhen     86
7    Gao      87
1    Zhang    90
4    Ma       92
10   Liu      95
6    Zhao     100
Sum=868
```

3．输入 10 名职工的编号、姓名、基本工资、职务工资，输出其中"基本工资+职务工资"最低和最高的职工姓名。

【习题参考答案】

一、选择题

1～5：AADDD   6～10：BBDAC   10～13：CDC

二、读程序写结果

1．6

2．40

3．6

4．25   dime dollar

三、填空题

1．（1）char num[30]

（2）s[i].score[0]

2．（1）x.re+y.re

（2）x.im+y.im

（3）x.re*y.re−x.im*y.im

3．（1）float s0,amax;

（2）i=0;i<4;i++

（3）i=0,amax=stu[0].score

（4）p=&stu[temp]　　或　　p=stu+temp

4．（1）struct student

（2）p[i]=&stu[i]

（3）p[i]–>score < p[j]–>score

（4）i=0;i<4;i++

四、编程题

略。

第6章

模块化程序设计

【典型例题解析】

一、选择题

1. 以下函数定义正确的是（　　）。

A．double sum(int x, int y)

　　{ z=x+y; return z; }

B．double sum (int x,y)

　　{ int z; return z;}

C．sum (x,y)

　　{ int x, y; double z;

　　z=x+y; return z; }

D．double sum (int x, int y)

　　{ double z;

　　　z=x+y;　return z; }

答案：D

解析：本题考查的是函数的定义。定义函数包括（1）指定函数名；（2）指定函数类型；（3）指定函数的参数名和类型；（4）指定函数应当完成什么操作。选项 A 中变量 z 未定义就使用，选项 B 中函数 sum 的参数 y 的类型没有定义，选项 C 中函数 sum 的参数 x 和 y 的类型没有定义。故答案为 D。

2. 在 C 语言程序中，以下描述正确的是（　　）。

A．函数的定义可以嵌套，但函数的调用不可以嵌套

B．函数的定义不可以嵌套，但函数的调用可以嵌套

C．函数的定义和函数的调用均不可以嵌套

D．函数的定义和函数的调用均可以嵌套

答案：B

解析：本题考查的是函数的嵌套调用。在定义函数时，一个函数内不能再定义另一个函数，也就是不能嵌套定义，但可以嵌套调用函数，也就是说在调用一个函数的过程中，又调用另一个函数。故答案为 B。

3. 以下程序的运行结果是（　　）。

```
void main()
{ int w=5;fun(w);printf("\n");}
fun(int k)
{ if(k>0) fun(k-1);printf("%d",k);}
```

A. 5 4 3 2 1   B. 0 1 2 3 4 5   C. 1 2 3 4 5   D. 5 4 3 2 1 0

答案：B

解析：本题考查的是函数的递归调用。在调用一个函数的过程中又出现直接或间接地调用该函数本身，称为函数的递归调用。递归问题的求解可分成两个阶段：第 1 阶段是"回溯"，第 2 个阶段是"递推"。具体过程如下。故答案为 B。

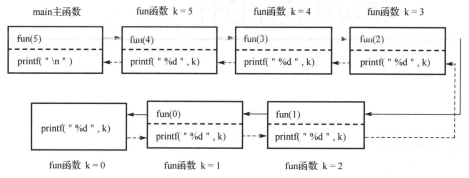

4. 已有函数 max(a,b)，为了让函数指针变量 p 指向函数 max，正确的赋值方法是（   ）。

A. p=max;   B. *p=max;   C. p=max(a，b);   D. *p=max(a,b);

答案：A

解析：本题考查的是使用指针变量指向一个函数。一个函数在编译时被分配给一个入口地址，这个函数的入口地址就称为函数的指针，因此可以用一个指针变量指向函数，然后通过该指针变量调用此函数，函数名代表该函数的入口地址，p=max 的作用就是将函数 max 的入口地址赋给指针变量 p。故答案为 A。

二、读程序写结果

1. 请写出以下程序的运行结果。

```c
#include <stdio.h>
fun1(int a,int b)
{   int c;
    a+=a; b+=b; c=fun2(a,b);
    return c*c;
}
fun2(int a,int b)
{   nt c;
    =a*b%3;
    eturn c;
}
void main()
{   nt x=10,y=22;
    rintf("The final result is:%d\n",fun1(x,y));
}
```

答案：The final result is:1

解析：本题考查的是函数定义与函数调用。函数 fun2 的功能是返回形参 a 和 b 的乘积除 3 的余数，函数 fun1 的功能是调用函数 fun2，将调用函数 fun2 的返回值赋给变量 c，并求变量 c 的平方作为函数 fun1 的返回值。在 main()函数中，调用函数 fun1，实参 x=10，y=22 的值单向传递给函数 fun1 的形参 a 和 b，执行 fun1 函数，执行"a+=a; b+=b;"语句后得 a=20，b=44，调用函数 fun2，实参 a=20，b=44 的值单向传递给函数 fun2 的形参 a 和 b，执行 fun2 函数，其返回值为 1，将 1 赋值给函数 fun1 中的变量 c，最后执行"return c*c;"语句返回到主函数调用点，打印出调用函数 fun1 的返回值为 1。故本程序执行的结果为 The final result is:1。

2．请写出以下程序的运行结果。

```c
#include <stdio.h>
void fun(int a[],int i,int j)
{   int t;
    if(i<j)
    {
        t=a[i]; a[i]=a[j]; a[j]=t;
        fun(a,i+1,j-1);
    }
}
void main()
{   int i,b[5]={1,2,3,4,5};
    fun(b,0,4);
    for(i=0;i<5;i++)  printf("%d,",b[i]);  printf("\n");
}
```

答案：5,4,3,2,1,

解析：本题考查的是递归函数的简单应用。在 C 语言中，函数的递归调用是指在调用一个函数的过程中又出现直接或间接地调用该函数本身。直接调用该函数本身的称为函数的直接递归调用，而间接调用该函数的称为函数的间接递归调用。本题中函数 fun(int a[],int i,int j)是递归函数，其功能是当 i<j 时，将数组中的元素 a[i]和 a[j]交换，然后再调用函数 fun(a,i+1,j−1)，将数组中的元素 a[i+1]和 a[j−1]进行交换，这样一直递归到数组下标 i=j，可见该递归函数的作用是使数组中首尾元素依次交换。主函数 main()中定义了一个长度为 5 的数组 b，并初始化该数组，然后调用函数 fun(b,0,4)，将数组 b 中的元素依次互换，最后 for 循环输出的数组 b 中各元素的值为 5,4,3,2,1,，故本程序执行的结果为 5,4,3,2,1,。

3．请写出以下程序的运行结果。

```c
#include <stdio.h>
int t(int x,int y,int cp,int dp)
{   cp=x*x+y*y;
    dp=x*x-y*y;
    }
void main()
{   int a=4,b=3,c=10,d=20;
    t(a,b,c,d);
    printf("c=%d,d=%d\n",c,d);
}
```

答案：c=10,d=20

解析：本题考查的是函数调用和变量作为函数参数传值的概念。在主函数 main()中定义了变量 a、b、c、d，并分别对其进行初始化，然后调用函数 t(a,b,c,d)，将实参 a=4、b=3、c=10、d=20 单向传递给形参 x、y、cp、dp，然后进入 t()函数，执行 "cp=x*x+y*y;dp=x*x-y*y;" 语句后，得 cp=25，dp=7，函数调用返回后，c 和 d 的值依旧是 10 和 20。故本程序执行的结果为 c=10,d=20。

4．请写出以下程序的运行结果。

```
#include <stdio.h>
void sub(int x,int y,int *z)
{   *z=y-x; }
void main()
{   int a, b, c;
    sub(10,5,&a);
    sub(7,a,&b);
    sub(a,b,&c);
    printf("%d,%d,%d\n",a,b,c);
}
```

答案：-5,-12,-7

解析：本题考查的是指针变量作为函数的参数，它的作用是将一个变量的地址传送到另一个函数中。本题中 sub 函数的功能是把形参 y 与 x 的差值赋值给指针变量 z 所指向的变量。在 main 函数中 3 次调用 sub 函数，第 1 次调用 sub 函数，把 10 和 5 分别传送给 x 和 y，把变量 a 的地址传送给指针变量 z，指针变量 z 指向变量 a，执行 "*z=y-x;" 语句等价于 "a=y-x=-5;"，因此第 1 次调用 sub 函数结束后，主函数中变量 a 的值为-5；第 2 次调用 sub 函数，把 7 和-5 分别传送给 x 和 y，把变量 b 的地址传送给指针变量 z，指针变量 z 指向变量 b，执行 "*z=y-x;" 语句等价于 "b=y-x=-12;"，因此第 2 次调用 sub 函数结束后，主函数中变量 b 的值为-12；第 3 次调用 sub 函数，把-5 和-12 分别传送给 x 和 y，把变量 c 的地址传送给指针变量 z，指针变量 z 指向变量 c，执行 "*z=y-x;" 语句等价于 "c=y-x=-7;"，因此第 3 次调用 sub 函数结束后，主函数中变量 c 的值为-7。故程序执行结果为-5,-12,-7。

三、填空题

1．以下程序可以实现求素数功能，请填空完成该程序。

```
#include <math.h>
#include <stdio.h>
void main()
{   int m;
        (1)    ;              /* 声明求素数函数 */
    printf("Please input a data m=:");
    scanf("%d",&m);
        (2)    ;              /* 调用求素数函数 */
}
void  prime(int n)
{   int i,k;
    k=sqrt(n);
    for(i=2;i<=k;i++)
    if (n%i==0) break;
```

```
            if(i>=k+1)
            printf("This is a prime number");
            else printf("This isn't a prime number");
    }
```

答案：（1）void prime(int n) 或 void prime(int) （2）prime(m)

解析：本题考查的是函数原型声明和函数调用。函数原型声明的一般形式有以下两种

函数类型 函数名(参数类型 1 参数名 1，参数类型 2 参数名 2，…，参数类型 *n* 参数名 *n*)
函数类型 函数名(参数类型 1，参数类型 2，…，参数类型 *n*)

函数调用的一般形式为：函数名(实参表列)。

2．以下程序的功能是从键盘上输入若干数并求出最大值。请填空完成该程序。

```
#include <stdio.h>
void main()
{   int    i;
    int    s[10], max;
    /*  Findmax()函数的声明 */
        (1)    ;
    printf("Input 10 number : \n");
    /* 输入 10 个数据到 s 数组中 */
        (2)    ;
    /* 调用 Findmax 函数 */
        (3)    ;
    for (i=0;i<10; i++)
        printf("%4d", s[i]);
    printf("\nthe  max  is %d ",max);
}
int  Findmax( int  x[ ],  int  n )
{   int    max,i;
    max=x[0];
    for ( i=1; i<n; i++)
        if(max<x[i])
            max=x[i];
    return max;
}
```

答案：（1）int Findmax(int x[ ], int n)
　　　（2）for(i=0;i<10;i++)　　scanf("%d",& s[i])
　　　（3）max = Findmax(s,10)

解析：本题考查的是形参是数组的函数声明以及调用格式和数组的输入方法。形参是数组的函数声明不能采用

函数类型 函数名(参数类型 1，参数类型 2，…，参数类型 *n*)

这种形式的声明，当行参是数组时，应该在主调函数中和被调函数中分别定义数组，在函数调用时，实参使用数组名。数组就是一组具有相同数据类型的数据的有序集合，并且数组的输入一般都要用循环实现。

【习题】

一、选择题

1．以下所列的各函数首部中，正确的是（   ）。

　　A．void play(vat a：Integer,var b：Integer)　　B．void play(int a,b)

　　C．void play(int a,int b)　　　　　　　　　　D．Sub play(a as integer,b as integer)

2．以下函数调用语句中实参的个数为（   ）。

```
exce((v1,v2),(v3,v4,v5),v6);
```

　　A．3　　　　　　　B．4　　　　　　　C．5　　　　　　　D．6

3．在调用函数时，若实参是简单变量，则它与对应形参之间的数据传递方式是（   ）。

　　A．地址传递　　　　　　　　　　　　　B．单向值传递

　　C．由实参传给形，再由形参传回实参　　D．传递方式由用户指定

4．当调用函数时，若实参是一个数组名，则向函数传送的是（   ）。

　　A．数组的长度　　　　　　　　　　　　B．数组的首地址

　　C．数组每个元素的地址　　　　　　　　D．数组每个元素中的值

5．C 语言规定，函数返回值的类型由（   ）。

　　A．return 语句中的表达式类型决定

　　B．调用该函数时的主调函数类型决定

　　C．调用该函数时系统临时决定

　　D．在定义该函数时所指定的函数类型决定

6．已知一个函数的定义如下，则该函数正确的函数原型声明为（   ）。

```
double fun(int x, double y)
 { …… }
```

　　A．double fun (int x,double y)　　　　B．fun (int x,double y)

　　C．double fun (int,double);　　　　　D．fun(x,y);

7．在函数调用过程中，若函数 fun1 调用了函数 fun2，函数 fun2 又调用了函数 fun1，则（   ）。

　　A．称为函数的直接递归调用　　　　　　B．称为函数的间接递归调用

　　C．称为函数的循环调用　　　　　　　　D．C 语言中不允许这样的递归调用

8．在说明语句 "int *f();" 中，标识符代表的是（   ）。

　　A．一个用于指向整型数据的指针变量

　　B．一个用于指向一维数组的指针

　　C．一个用于指向函数的指针变量

　　D．一个返回值为指针型的函数名

9．要求函数的功能是交换 x 和 y 中的值，且通过正确调用返回交换结果，能正确执行此功能的函数是（   ）。

　　A．funa (int *x,int *y) { int *p;*p=*x;*x=*y;*y=*p; }

　　B．fund (int x,int y) { int t;t=x；x=y;y=t;}

C．func (int *x,int *y){ *x=*y;*y=*x;}

D．fund (int *x,int *y){ *x=*x+*y;*y=*x-*y;*x=*x-*y;}

10．以下函数的功能是（　　）。

```
Sasb(char *s,char *t )
{ while((*s)&&(*t)&&(*t++== *s++));
return(*s-*t); }
```

A．求字符串的长度

B．比较两个字符串的大小

C．将字符串 s 复制到字符串 t 中

D．将字符串 s 接续到字符串 t 中

11．以下函数的功能是（　　）。

```
int funlen (char * x)
{   char *y=x;
    while (*y++) ;
    return (y-x-1) ;}
```

A．求字符串的长度

B．比较两个字符串的大小

C．将字符串 x 复制到字符串 y

D．将字符串 x 连接到字符串 y 后面

12．若有函数 max(a,b)，并且已使函数指针变量 p 指向函数 max，则当调用该函数时，正确的调用方法是（　　）。

A．(*p)max(a,b);　　　　B．*pmax(a,b);　　　　C．(*p)(a,b);　　　D．*p(a,b);

二、读程序写结果

1．请写出以下程序的运行结果。

```
#include "stdio.h"
void fun(int a,int b)
{
    int t;
    t=a;a=b;b=t;
}
void main()
{
    int c[10]={1,2,3,4,5,6,7,8,9,0},i;
    for(i=0;i<9;i+=2)
        fun(c[i],c[i+1]);
    for(i=0;i<10;i++)
        printf("%d,",c[i]);
    printf("\n");
}
```

2. 请写出以下程序的运行结果。

```c
#include <stdio.h>
fun(int x,int y,int z)
{z=x*x+y*y;}
void main()
{   int a=31;
    fun(5,2,a);
    printf("%d",a);
}
```

3. 请写出以下程序的运行结果。

```c
#include <stdio.h>
int func(int a,int b)
{ return(a+b); }
void main()
{   int x=2,y=5,z=8,r;
    r=func(func(x,y),z);
    printf("%d\n",r);
}
```

4. 请写出以下程序的运行结果。

```c
#include <stdio.h>
long fib(int n)
{   if(n>2) return(fib(n-1)+fib(n-2));
    else return (2);
}
void main()
{ printf("%ld\n",fib (3) };}
```

5. 请写出以下程序的运行结果。

```c
#include <stdio.h>
void ast(int x,int y,int *cp,int *dp)
{ *cp=x+y; *dp=x-y; }
void main()
{ int a,b,c,d;
    a=4; b=3;
    ast(a,b,&c,&d);
    printf("%d,%d\n",c,d);
}
```

6. 请写出以下程序的运行结果。

```c
#include <stdio.h>
void fun(int *a, int *b, int *c)
{   int *temp;
    temp=a; a=b; b=temp;
    *temp=*b, *b=*c; *c=*temp;
```

```
}
void main()
{   int a,b,c,*p1,*p2,*p3;
    a=5; b=7; c=3;
    p1=&a; p2=&b; p3=&c;
    fun(p1,p2,p3);
    printf("%d,%d,%d\n",a,b,c);
}
```

7. 请写出以下程序的运行结果。

```
#include <stdio.h>
char cchar(char ch)
{   if (ch>='A'&&ch<='Z')
    ch=ch-'A'+'a';
    return ch;
}
void main()
{   char s[]="ABC+abc=defDEF",*p=s;
    while(*p)
    {   *p=cchar(*p);
        p++;
    }
    printf("%s\n",s);
}
```

8. 请写出以下程序的运行结果。

```
#include<stdio.h>
sub1(char a,char b) { char c; c=a;a=b;b=c;}
sub2(char * a,char b) { char c; c=*a;*a=b;b=c;}
sub3(char * a,char *b){ char c; c=*a;*a=*b;*b=c;}
void main()
{   char a,b;
    a='A';b='B';sub3(&a,&b);
    putchar(a);putchar(b);
    a='A';b='B';sub2(&a,b);
    putchar(a);putchar(b);
    a='A';b='B';sub1(a,b);
    putchar(a);putchar(b);
}
```

9. 请写出以下程序的运行结果。

```
#include<stdio.h>
void func(int *a,int b[ ])
{ b[0]=*a+6; }
void main()
{   int a,b[5];
    a=0; b[0]=3;
```

```
        func(&a,b);
        printf("%d \n",b[0]);
    }
```

10. 请写出以下程序的运行结果。

```
#include <stdio.h>
struct stu
{ int num;char name[10]; int age;};
void fun(struct stu *p)
{ printf("%s\n",(*p).name); }
void main()
{ struct stu students[3]={{9801,"Zhang",20},{9802,"Wang", 19},
{9803,"Zhao",18} };
fun(students+2);
}
```

11. 阅读以下程序，当运行函数时，输入 asd af aa z67，写出运行结果。

```
#include <stdio.h>
int fun (char *str)
{    int i,j=0;
    for(i=0;str[i]!='\0';i++)
    if(str[i]!=' ')  str[j++]=str[i];
    str[j]= '\0';
}
void main()
{    char str[81];
    int n;
    printf("Input a string : ");
    gets(str);
    puts(str);
    fun(str);
    printf("%s\n",str);
}
```

12. 请写出以下程序的运行结果。

```
#include "stdio.h"
#include <string.h>
void  fun(char s[][10], int n)
{
    char   t;  int   i,j;
    for (i=0; i<n-1; i++)
        for (j=i+1; j<n; j++)
            if (s[i][0] > s[j][0])
            { t = s[i][0]; s[i][0] = s[j][0]; s[j][0] = t;}
}
void main()
{
```

```
    char  ss[5][10]={"baa", "bbzz", "xy", "aaaazz", "aabzz"};
    fun(ss, 5);
    printf("%s,%s\n", ss[0],ss[4]);
}
```

三、填空题

1. 用折半查找法在一个已排序的数组中，查找是否存在某数，若存在则输出其位置；若不存在则输出无此数的信息。请填空完成该程序。

```
include<stdio.h>
void main(   )
{   int found(int *, int);
    int a[10]={2,3,5,6,12,15,23,46,50,100}, num, p;
    printf("Enter check number:");
    scanf("%d", &num);                      /*输入要查找的数*/
         (1)      ;
    if(p==-1) printf("%d Not be found!\n", num);
    else printf("%d found in array element %d\n", num, p+1);
}
int found(int a[10], int n)
{   nt l, m, h, mark=-1;                     /*mark 找到标志*/
    l=0; h=9;
    while(l<=h)
    {   m=(h+l)/2;                           /*求中间元素位置*/
        if(n==a[m]) { mark=m; break;}
        else if(n>a[m])  l=_____(2)_____;
        else h=_____(3)_____;
    }
    return(mark);
}
```

2. 由函数的实参传来一个字符串，统计此字符串中英文字母、数字、空格和其他字符的个数，在主函数中输入字符串及输出上述结果。请填空完成该程序。

```
#include<stdio.h>
#include<ctype.h>
void fltj(char str[],int a[])
{   int ll,i;
    ll=_____(1)_____;
    for (i=0;i<ll;i++)
    {   if (_____(2)_____) a[0]++;
        else if (_____(3)_____) a[1]++;
        else if (_____(4)_____) a[2]++;
        else a[3]++;
    }
}
void main()
{   static char str[60];
    static int a[4]={0,0,0,0};
```

```
    gets(str);
    fltj(str,a);
    printf("%s char:%d digit:%d space:%d other:%d",str,a[0],a[1],a[2],a[3]);
}
```

3. 用递归方法求 n 阶勒让德多项式的值，递归公式如下。请填空完成该程序。

$$P_n = \begin{cases} 1 & (n=0) \\ x & (n=1) \\ ((2n-1)\cdot x\cdot p_{n-1}(x)-(n-1)\cdot p_{n-2}(x))/n & (n>1) \end{cases}$$

```
#include<stdio.h>
void main()
{   float pn();
    float x,lyd;
    int n;
    scanf("%d%f",&n,&x);
    lyd=_____(1)_____
    printf("pn=%f",lyd);
}
float pn(float x,int n)
{   float temp;
    if (n==0) temp=_____(2)_____
    else if (n==1) temp=_____(3)_____
    else temp=_____(4)_____
    return(temp);
}
```

4. 编写一个函数，实现两个字符串的比较。即编写一个 strcmp 函数：compare(s1,s2)。若 s1=s2，则返回值为 0；若 s1≠s2，则返回二者中第一个不同字符的 ASCII 码的差值（"BOY"与 "BAD"，第二个英文字母不同，"O"与"A"之差为 79-65=14）。若 s1>s2，则输出正值；若 s1<s2，则输出负值。

```
int compare(char *p1,char *p2)
{   int i;
    i=0;
    while(_____(1)_____)
    if(*(p1+i++)=='\0') _____(2)_____
    return(_____(3)_____);
}
void main()
{   int m;
    char str1[20],str2[20],*p1,*p2;
    printf("please input string by line:\n");
    scanf("%s",str1);
    scanf("%s",str2);
    p1=_____(4)_____
    p2=_____(5)_____
```

```
    m=compare(p1,p2);
    printf("the result is:%d\n",m);
}
```

5. 下面程序中函数 fun 的功能是：根据整型形参 m，计算如下公式的值。请填空完成该程序。

$$y=1+1/2!+1/3!+1/4!+\cdots+1/m!$$

例如：若 m=6，则应输出 1.718056。

```
#include <stdio.h>
double fun(int m)
{   double y=1, t=1;
    int i;
    for(i=2; i<=m; i++)
    {     (1)    ;
        y+=t;
    }
        (2)    ;
}
void  main()
{   int n;
    printf("Enter n: ");
    scanf("%d", &n);
    printf("\nThe result is %f\n",     (3)     );
}
```

6. 已知有 4 名学生和他们的 5 门课程的成绩。（1）求第一门课程的平成绩；（2）找出有 2 门以上课程成绩不及格的学生，输出他们的学号和全部课程的成绩及平均成绩；（3）找出平均成绩在 90 分以上或全部课程成绩在 85 分以上的学生。分别编写 3 个函数实现以上要求。请填空完成该程序。

```
#include<stdio.h>
void main()
{   int i,j,*pnum,num[4];
    float score[4][5],aver[4],*psco,*pave;
    char course[5][10],*pcou;
    pcou=&course[0];
    printf("please input the course name by line:\n");
    for (i=0;i<5;i++)
        scanf("%s",pcou+10*i);
    printf("please input stu num and grade:\n");
    printf("stu num:\n");
    for(i=0;i<5;i++)
        printf("%s",pcou+10*i);
    printf("\n");
    psco=&score[0][0];
    pnum=&num[0];
    for(i=0;i<4;i++)
```

```
    { scanf("%d",pnum+i);
        for(j=0;j<5;j++)
            scanf("%f",psco+5*i+j);
    }
    pave=&aver[0];
    avsco(psco,pave);
    avcour1(pcou,psco);
    fail2(pcou,pnum,psco,pave);
    printf("\n");
    good(pcou,pnum,psco,pave);
}
void avsco(float *psco,float *pave)
{   int i,j;
    float sum,average;
    for(i=0;i<4;i++)
        {   sum=0;
            for(j=0;j<5;j++)
                sum=sum+____(1)____;
            average=sum/5;
            *(pave+i)=____(2)____;
        }
}
void avcour1(char *pcou,float *psco)
{   int i;
    float sum=0, average1;
    for (i=0;i<4;i++)
        sum=sum+____(3)____;
    average1=____(4)____;
    printf("the first course %s,average is:%5.2f\n",pcou,average1);
}
void fail2(char *pcou,int *pnum,float *psco,float *pave)
{   int i,j,k,label;
    printf("stu num:");
    for(i=0;i<5;i++)
        printf("%-8s",pcou+10*i);
    printf("average:\n");
    for(i=0;i<4;i++)
    {   label=0;
        for(j=0;j<5;j++)
            if(____(5)____) label++;
        if (label>=2)
            {   printf("%-8s",*(pnum+i));
                for(k=0;k<5;k++) printf("%-8.2f",____(6)____);
                printf("%-8.2f\n",____(7)____);
            }
    }
}
```

```
void good(char *pcou,int *pnum,float *psco,float *pave)
{   int i,j,k,label;
    printf("=======good students=======\n");
    printf("stu num");
    for (i=0;i<5;i++)
    {   label=0;
        for (j=0;j<5;j++)  printf("%-8s",pcou+10*j);
        printf("    average\n");
        for (i=0;i<4;i++)
        {   label=0;
            for(j=0;j<5;j++)
                if(*(psco+5*i+j)>85.0) label++;
            if(label>=5||(*(pave+i)>90))
            {   printf("%-8d",*(pnum+i));
                for(k=0;k<5;k++)
                    printf("  %-8.2f",  (8)  );
                printf("%-8.2f\n",*(pave+i));
            }
        }
    }
}
```

7. 有 n 名学生，每名学生的数据包括学号（num），姓名（name[20]），性别（sex），年龄（age），3 门课的成绩（score[3]）。要求：（1）在 main 函数中，输入 n 名学生的数据，然后调用一个函数 count，在该函数中计算出每名学生的总分和平均分，然后打印出所有各项数据（包括原有的数据和新求出的数据）；（2）用指针方法处理，即用指针变量逐次指向数组元素，然后向指针变量所指向的数组元素输入数据，并将指针变量作为函数参数将地址值传给 count 函数，在 count 函数中做统计，再将数据返回到 main 函数，在 main 函数中输出。请填空完成该程序。

```
struct student
{   int num;
    char name[20];
    char sex;
    int age;
    float score[3];
    float total;
    float ave;
}a[3];
void count(____(1)____,int n)
{   int i,j;
    for(____(2)____)
    {   ____(3)____;
        for(j=0;j<3;j++)
        b->total= (4) ;
        b->ave=b->total/3;
    }
```

```
        }
        void  main()
        {   int i;
            float s0,s1,s2;
            struct student *p;
            for(p=a;p<a+3;p++)
            {   scanf("%d%s %c%d%f%f%f",&p->num,p->name,&p->sex,&p->age,&s0,&s1,&s2);
                p->score[0]=s0; p->score[1]=s1; p->score[2]=s2;
                printf("%d %s  %c %d %4.1f %4.1f %4.1f\n",p->num,p->name,p->sex,
                p->age,p->score[0],p->score[1],p->score[2]);
            }
                ____(5)____ ;
            count(p,3);
            printf("=============================================\n");
            printf("NO  name sex age score[0] score[1] score[2] total ave\n");
            for(  ___(6)___ )
                printf("%d %s  %c  %d %5.1f %5.1f  %5.1f %5.1f %5.1f\n",p->num,
                p->name,p->sex,p->age,p->score[0],p->score[1],p->score[2],
                p->total,p->ave);
        }
```

四、编程题

1．编写一个函数，判断某数是否为素数。

2．编写一个函数，求 3 个整数中的最大值。

3．打印出 3 到 1100 之间的全部素数（判素数由函数实现）。

4．编写一个函数，使给定的一个二维数组（3×3）转置，即行列互换。

5．编写一个函数，将两个字符串连接，即编写一个 strcat 函数。

6．编写一个函数，求一个字符串长度，即编写一个 strlen 函数。

7．编写一个函数，将字符数组 s1 中的全部字符复制到字符数组 s2 中，不用 strcpy 函数。

8．编写一个函数，判断某数是否为"水仙花数"，所谓"水仙花数"是指一个三位数，其各位数字立方和等于该数本身。如 153 是一个水仙花数，因为 $153 = 1^3 + 5^3 + 3^3$。

9．在主函数内任意输入一个 5×6 矩阵，编写一个函数求出每行的和然后将其结果放到一个一维数组中，输出此矩阵及其每行的和。

10．编写一个函数，求出两个整数的和、积。

11．任意输入 20 个正整数，找出其中的素数，并将这些素数由小到大排序。要求：判断一个数是否为素数用函数实现，并且排序也用函数实现。

12．编写计算 m 的 n 次方的递归函数。

13．编一个程序，读入具有 5 个元素的整型数组，然后调用一个函数，递归计算这些元素的积。

14．编一个程序，读入具有 5 个元素的实型数组，然后调用一个函数，递归地找出其中的最大元素，并指出它的位置。

15．建立一个链表，并显示链表中的每个节点和节点个数。要求自己设计节点类型。

16．设链表中每个节点包括学号、成绩、和指针 3 个字段，试编写程序将成绩最高的节点作为链表的第一个节点，成绩最低的节点作为尾节点。

17．建立一个链表，每个节点包括学号、姓名、性别、年龄。输入一个年龄，若链表中的节点所包含的年龄等于此年龄，则将此节点删去。

【习题参考答案】

一、选择题

1～5：CABBD　　　　　6～10：CBDDB　　　　　11～12：AC

二、读程序写结果

1．1,2,3,4,5,6,7,8,9,0,

2．31

3．15

4．4

5．7，1

6．3，7，3

7．abc+abc=defdef

8．BABBAB

9．6

10．Zhao

11．asdafaaz67

12．aaa,xabzz

三、填空题

1．（1）p=found(a, num)

　　（2）m+1

　　（3）m−1

2．（1）strlen(str)

　　（2）str[i]>='A' && str[i]<='Z' || str[i]>='a' && str[i]<='z'

　　（3）str[i]>='0' && str[i]<='9'

　　（4）str[i]= =' '

3．（1）pn(x,n);

　　（2）1;

　　（3）x;

　　（4）((2*n−1)*x*pn(x,n−1)−(n−1)*pn(x,n−2))/n;

4．（1）*(p1+i)==*(p2+i)

　　（2）return(0);

　　（3）*(p1+i)−*(p2+i)

　　（4）str1;

　　（5）str2;

5．（1）t=t/i

（2）return y

（3）fun(n)

6.（1）*(psco+5*i+j)

（2）average

（3）*(psco+5*i)

（4）sum/4

（5）*(psco+5*i+j)<60

（6）*(psco+5*i+k)

（7）*(pave+i)

（8）* *(psco+5*i+k)

7.（1）struct student *b

（2）i=0;i<n;i++,b++

（3）b->total=0

（4）b->total+b->score[j]

（5）p=a

（6）p=a;p<a+3;p++

四、编程题

略。

第7章

变量有效范围与存储类别

【典型例题解析】

一、选择题

1. 以下程序的运行结果是（　　）。

```c
#include<stdio.h>
void sub(int s[],int y)
{   static int t=3;
    y=s[t];  t--;
}
void main()
{   int a[]={1,2,3,4},I,x=0;
    for(i=0; i<4; i++){
    sub(a,x);  printf("%d",x);}
    printf("\n");
}
```

A. 1234   B. 4321   C. 0000   D. 4444

答案：C

解析：本题考查的是在函数调用时的数据传递以及局部静态变量。当实参是基本变量、表达式、常量时，把实参的值传给行参，是"值传递"方式。数据传递的方向是从实参传到行参，单向传递。当数组元素作为函数实参时，把实参的值传给行参，也是"值传递"方式。当数组名作函数实参时，向行参（数组名或指针变量）传递的是数组首元素的地址。在本题中，当主函数执行到函数调用语句 sub(a,x)时，实参 a 为数组名，向行参数组名 s 传递的是数组 a 首元素的地址，实参 x 为整型变量，当向行参 y 传递时把实参 x 的值传给 y，行参 y 的值的改变不会影响实参 x 的值，静态局部变量 t 的值在函数调用结束后不消失而继续保留原值（就是上一次函数调用结束时的值）。sub(a,x)被循环调用 4 次，第 1 次被调用时，t 的初始值为 3，调用结束时 t 的值为 2，y 的初始值为 0，调用结束时 y 的值为 4，调用结束后 x 的值为 0；第 2 次被调用时，t 的初始值为 2，调用结束时 t 的值为 1，y 的初始值为 0，调用结束时 y 的值为 3，调用结束后 x 的值为 0；第 3 次被调用时，t 的初始值为 1，调用结束时 t 的值为 0，y 的初始值为 0，调用结束时 y 的值为 2，调用结束后 x 的值为 0；第 4 次被调用时，t 的初始值为 0，调用结束时 t 的值为-1，y 的初始值为 0，调用结束时 y 的值为 1，调用结束后 x 的值为 0。故答案为 C。

二、读程序写结果

1. 请写出以下程序的运行结果。

```c
#include <stdio.h>
void test()
{   int   c=10;
    printf("test c=%d\n",c);
}
int main()
{
    int   c=20;
    test();
    printf("main c=%d\n",c);
    return 0;
}
```

答案：test c=10

       main c=20

解析：本题考查的是局部变量的作用域，在一个函数内部定义的局部变量只在本函数范围内有效。从 main()主函数开始执行，执行到语句 "test();"，转去执行 test 函数的定义，执行 test 函数中的 "printf("test c=%d\n",c);" 语句，打印 c 的值为 test 函数中定义的局部变量，c 的值是 10；test 函数执行完毕，返回到 main 函数的调用点，继续执行 main 函数中的 "printf("main c=%d\n",c);" 语句，打印 c 的值为 main 函数中定义的局部变量，c 的值是 20。

对于局部变量有 4 点说明：（1）main 中定义的变量，只在 main 中有效；（2）函数形参是函数的局部变量；（3）不同函数中可以定义同名的变量，它们互不干扰；（4）函数内部的复合语句中也可定义局部变量，有效范围在该复合语句中。

2. 请写出以下程序的运行结果。

```c
#include <stdio.h>
int a;
void test()
{   int   a=20;
    printf("test a=%d\n",a);
}
int main()
{
    a++;
    test();
    printf("main a=%d\n",a);
    return 0;
}
```

答案：test a=20

       main a=1

解析：本题考查的是全局部变量的作用域，全局变量可以为本文件中的其他函数所共用，有效范围为从定义变量的位置开始到本源文件结束。从 main()主函数开始执行，执行到语句"a++;"，全局变量 a 的值由 0 变为 1，接着执行语句"test();"，转去执行 test 函数的定义，执行 test 函数中的"printf("test a=%d\n",a);"语句，打印 a 的值为 test 函数中定义的局部变量，a 的值是 20；test 函数执行完毕，返回到 main 函数的调用点，继续执行 main 函数中的"printf("main a=%d\n",a);"语句，打印 a 的值为定义的全局变量，a 的值是 1。

对于全局变量有 3 点说明：（1）当全局变量没有赋初值时，系统自动赋为 0；（2）在同一个.c 文件中，且当全局变量与局部变量同名时，外部变量被屏蔽，即局部优先；（3）全局变量增加了函数间的数据联系。

3．请写出以下程序的运行结果。

```c
#include <stdio.h>
int main()
{   int i;
    for(i=0;i<2;i++)
    add();
}
void add()
{   int x=0;
    static int y=0;
    printf("%d,%d\n",x,y);
    x++; y=y+2;
}
```

答案：0,0

　　　　0,2

解析：本题考查的是局部变量的存储类别和函数中的局部变量。若不专门声明为 static 存储类别，则均是动态地分配存储空间的。数据存储在动态存储区中，函数中的形参和在函数中定义的局部变量（包括在复合语句中定义的局部变量）都属于自动变量，在调用该函数时，系统会给这些变量分配存储空间，在函数调用结束时就自动释放这些存储空间。静态局部变量的值在函数调用结束后不消失而继续保留原值（就是上一次函数调用结束时的值），在局部变量前用关键字 static 进行声明。本题中，局部变量为主函数 main()中的变量 i 和函数 add()中的变量 x，静态局部变量为函数 add()中的变量 y。主函数 main()循环 2 次调用函数 add()，第 1 次调用函数 add()时，y 的初始值为 0，x 的值为 0，输出 x 和 y 的值分别为 0 和 0，调用结束后 y 的值为 2，x 的值为 1；第 2 次调用函数 add()时，y 的初始值为 2，x 的值为 0，输出 x 和 y 的值分别为 0 和 2，调用结束后 y 的值为 4，x 的值为 1。

【习题】

一、选择题

1．以下叙述中正确的是（　　　）。

A. 全局变量的作用域一定比局部变量的作用域范围大

B. 静态（static）类别变量的生存期贯穿于整个程序运行的期间

C. 函数的形参都属于全局变量

D. 未在定义语句中赋初值的 auto 变量和 static 变量的初值都是随机值

2. 若在一个函数的复合语句中定义了一个变量，则该变量（   ）。

A. 只在该复合语句中有效，在该复合语句外无效

B. 在该函数中任何位置都有效

C. 在本程序的原文件范围内均有效

D. 此定义方法错误，其变量为非法变量

3. 凡函数中未指定存储类别的局部变量，其隐含的存储类别为（   ）。

A. 自动（auto）   B. 静态（static）

C. 外部（extern）   D. 寄存器（register）

4. 在一个 C 程序文件中，若要定义一个只允许本源文件中所有函数使用的全局变量，则该变量需要使用的存储类别是（   ）。

A. extern   B. register   C. auto   D. static

5. 以下程序的正确运行结果是（   ）。

```c
include <stdio.h>
int main()
{
    int a=2,i;
    for(i=0;i<3;i++)  printf("%4d",f(a));
}
f(int a)
{
    int b=0;static int c=3;
    b++;c++;
    return(a+b+c);
}
```

A. 7 7 7   B. 7 10 13   C. 7 9 11   D. 7 8 9

二、读程序写结果

1. 请写出以下程序的运行结果。

```c
#include <stdio.h>
int x;
void main()
{   x=5;
    cude();
    printf("%d\n",x);
}
void cude()
{ x=x*x*x; }
```

2. 请写出以下程序的运行结果。

```c
#include <stdio.h>
int a,b;
void fun()
{ a=200;b=100; }
void main()
{   int a=7,b=5;
    fun();
    printf("%d, %d\n",a,b);
}
```

3. 请写出以下程序的运行结果。

```c
#include <stdio.h>
int x=3;
void main()
{   int i;
    for(i=1;i<x;i++) incre();
}
incre()
{   static int x=1;
    x*=x+1;
    printf("%d",x);
}
```

4. 请写出以下程序的运行结果。

```c
#include <stdio.h>
int a=5,b=8;
int main()
{
    int max(int a,int b);
    int a=10;
    printf("max=%d\n",max(a,b));
}
int max(int a,int b)
{
    int c;
    c= a>b?a:b;
    return c;
}
```

5. 请写出以下程序的运行结果。

```c
#include<stdio.h>
int main()
{
```

```
        int k=4,m=1,p;
        p=func(k,m);printf("%d,",p);
        p=func(k,m);printf("%d\n",p);
    }
    func(int a,int b)
    {
        static int m=0,i=2;
        i+=m+1;
        m=i+a+b;
        return(m);
    }
```

6. 请写出以下程序的运行结果。

```
#include <stdio.h>
struct st { int x;int *y;} *p;
int dt[4]={100,200,300,400};
struct st aa[4]={50,&dt[0],60,&dt[1],70,&dt[2],80,&dt[3] };
int main()
{   p=aa;
    printf("%d, ", ++p->x);
    printf("%d, ",(++p)->x);
    printf("%d\n",++(*p->y));
}
```

三、填空题

1. 从变量作用域的角度来观察，变量可以分为_____（1）_____和_____（2）_____。从变量值存在的时间（生存期）观察，变量的存储有两种不同的方式：_____（3）_____和_____（4）_____。

2. 若一个函数只能被本文件中其他函数所调用，则它称为_____（1）_____。在定义内部函数时，在函数名和函数类型的前面加_____（2）_____。在定义函数时，若在函数首部的最左端加关键字 extern，则此函数是_____（3）_____，可供其他文件调用。

【习题参考答案】

一、选择题

1～5：BAADD

二、读程序写结果

1. 125

2. 7,5

3. 26

4. max=10

5. 8, 17

6. 51, 60, 201

三、填空题

1．（1）全局变量

　　（2）局部变量

　　（3）静态存储方式

　　（4）动态存储方式

2．（1）内部函数

　　（2）static

　　（3）外部函数

第8章

数据位运算

【典型例题解析】

1. 以下程序的输出结果是（   ）。

```
main()
{   unsigned char a,b;
    a=4|3;
    b=4&3;
    printf("%d %d\n",a,b);
}
```

A. 7 0   B. 0 7   C. 1 1   D. 43 0

答案：A

解析：位运算应先把数据转化成二进制数，然后进行相应运算。a=3|4=0000 0011|0000 0100=0000 0111，b=0000 0100&0000 0011=0000 0000，a 的十进制数是 7，b 的十进制数是 0，故答案为 A。

2. char 型变量 x 中的值为 10100111，则表达式(2+x)^(～3)的值是（   ）。

A. 10101001   B. 10101000   C. 11111101   D. 01010101

答案：D

解析：(2+x)^(～3)=(0000 0010+1010 0111)^(～0000 0011)=1010 1001^1111 1100=0101 0101，故答案为 D。

【习题】

一、选择题

1. 以下运算符优先级最低的是（   ）。

    A. &&   B. &   C. || D. |

2. 以下叙述不正确的是（   ）。

    A. 表达式 a&=b 等价于 a=a&b   B. 表达式 a|=b 等价于 a=a|b

    C. 表达式 a!=b 等价于 a=a!b   D. 表达式 a^=b 等价于 a=a^b

3. 表达式 0x15 & 0x17 的值是（   ）。

A. 0x17   B. 0x15   C. 0xf8   D. 0xec

4. 以下程序段的输出结果是（　　）。

```
char x=56;
x = x & 056;
printf("%d, %o\n",x,x);
```

A. 56，70   B. 0，0   C. 40，50   D. 62，75

5. 表达式 0x13^0x17 的值是（　　）。

A. 0x04   B. 0x13   C. 0xe8   D. 0x17

6. 运行以下程序段后，B 的值是（　　）。

```
char z='A';  int B;   B=((241&15)&&(z|'a'));
```

A. 0   B. 1   C. TRUE   D. FALSE

7. 若有以下程序段，则运行后的输出结果是（　　）。

```
int x=20;  printf("%d\n",~x);
```

A. 02   B. –20   C. –21   D. –11

8. 若有以下程序段，则运行后 z 的值是（　　）。

```
char x=3,y=6,z;
z = x^y<<2;
```

A. 00010100   B. 00011011   C. 0001100   D. 00011000

9. 设位段的空间分配由右到左，则以下程序的运行结果是（　　）。

```
struct packed
{  unsigned a : 2;    unsigned b : 3;    unsigned c : 4;    int i;} data;
main ()
{   data.a=8; data.b=2;
    printf("%d\n",data.a+data.b);
}
```

A. 语法错   B. 2   C. 5   D. 10

10. 设有如下说明，则以下位段数据的引用中不能得到正确数值的是（　　）。

```
struct packed
{  unsigned one:1;
   unsigned two:2;
   unsigned three:3;
   unsigned four:4;
} data;
```

A. data.one=4   B. data.two=3   C. data.three=2   D. data.four=1

二、填空题

1. 设有 "char a,b;"，若要通过 a&b 运算来屏蔽掉 a 中的其他位，只保留第 1 和第 7 位（右起为第 0 位），则 b 的二进制数是_____。

2. 测试 char 型变量 a 的第 5 位是否为 1 的表达式是_____。

3．把 short 型变量 low 中的低字节及变量 high 中的高字节放入变量 s 中的表达式是_____。

4．若有以下程序段，则输出结果是_____。

```
int r=8;
printf("%d\n",r>>1);
```

5．若 x=0123，则表达式(5+(int)(x))&(～2)的值是_____。

【习题参考答案】

一、选择题

1～5：CCBCA   6～10：BCBBA

二、填空题

1．10000010

2．a&32!=0

3．(low&255)|(high&65280)

4．4

5．88

第 9 章

数据文件处理

【典型例题解析】

1. 若要用 fopen 函数打开一个新的二进制文件，该文件既能读又能写，则文件打开方式的字符串应是（　　）。

　　A．"ab+"　　　　　　　　B．"wb+"　　　　　　　　C．"rb+"　　　　　　　　D．"ab"

答案：B

解析：本题要求打开一个新的文件，而"rb+"表示要打开一个已经存在的文件，所以选项 C 错误，"a"表示在已有的文件中追加内容，所以选项 A、D 错误，故答案为 B。

2. 在 VC++ 6.0 中，有以下程序（提示：程序中"fseek(fp,–2L*sizeof(int), SEEK_END);"语句的作用是使位置指针从文件尾向前移 2*sizeof(int)字节），执行后输出的结果是（　　）。

```
#include <stdio.h>
void main()
{   FILE *fp;int i,a[4]={1,2,3,4},b;
    fp=fopen("data.dat","wb");
    for(i=0;i<4;i++)  fwrite(&a[i],sizeof(int),1,fp);
    fclose(fp);
    fp=fopen("data.dat","rb");
    fseek(fp,-2L*sizeof(int),SEEK_END);
    fread(&b,sizeof(int),1,fp);/*从文件中读取 sizeof(int)字节的数据到变量 b 中*/
    fclose(fp);
    printf("%d\n",b);
}
```

　　A．2　　　　　　　　　B．1　　　　　　　　　C．4　　　　　　　　　D．3

答案：D

考点解析：在 for 循环语句中利用函数 fwrite 将 4 个整数写到文件 data.dat 中，然后用 fseek 函数将文件位置指针从文件尾向前移动 8 字节，即指向了第 3 个整数 3，再利用 fread 函数读取一个整型变量到 b，所以 b 的值为 3。故答案为 D。

3. 有以下程序，若文本文件 f1.txt 中原有内容为 good，则运行程序后文件 f1.txt 中的内容为（　　）。

```
#include <stdio.h>
main()
```

```
{   FILE*fp1;
    fp1=fopen("f1.txt","w");
    fprintf(fp1,"abc");
    fclose(fp1);
}
```

A. goodabc   B. abcd   C. abc   D. abcgood

答案：C

解析：fopen 函数中文件的使用方式是"w"，表示若原来不存在这个文件，则在打开时建立一个以指定名字命名的文件；若已存在一个以该名字命名的文件，则在打开时将该文件删除，然后建立一个新的文件，故答案为 C。

4．下列程序的输出结果是（   ）。

```
#include <stdio.h>
#include<stdio.h>
void main()
{   FILE *fp; int   i,n;
    if((fp=fopen("abc","w+"))==NULL)
    {   printf("can't  open  abc  file\n");
        exit(0);
    }
    for(i=1; i<11; i++)
        fprintf(fp,"%3d",i);
    for(i=0; i<10; i++)
    {   fseek(fp,i*3L,SEEK_SET);
        fscanf(fp, "%d",&n);
        printf("%3d",n);
    }
    fclose(fp);
}
```

答案：1 2 3 4 5 6 7 8 9 10

解析：第 1 个 for 循环是向文件中写 1～10 共 10 个数字，每个数字占 3 字节。第 2 个 for 循环中的 fseek 函数每次令文件的读写指针移动到 3 的倍数的位置上。当 i=0 时，移动到 0 字节处，然后读出一个整数，即读出 1 并显示，然后 i=1；当 i=1 时，移动到 3 字节处，则读出 2，以此类推，读出全部的 10 个数字并显示出来。

【习题】

一、选择题

1．将一个 int 型整数 10002 存到磁盘上，以 ASCII 码形式存储和以二进制形式存储，占用的字节分别是（   ）。

A．4 和 4   B．4 和 5   C．5 和 4   D．5 和 5

2．若执行 fopen 函数时发生错误，则函数的返回值是（   ）。

A．NULL   B．0   C．1   D．–1

3．在 C 程序中，可把整型数以二进制形式存放到文件中的函数是（　　）。

    A．fprintf 函数　　　　B．fread 函数　　　　C．fwrite 函数　　　　D．fputc 函数

4．若 fp 已正确定义并指向某个文件，则当未遇到该文件结束标志时函数 feof(fp)的值为
（　　）。

    A．0　　　　　　　　　B．1　　　　　　　　　C．−1　　　　　　　　　D．一个非 0 值

5．若有以下定义和说明，设文件中以二进制形式存有 10 个班的学生数据，且均已正确打
开，文件指针定位在文件开头处。若要从文件中读出 30 名学生的数据放入数组 a 中，则以下
不能实现此功能的语句是（　　）。

```
#include "stdio.h"
struct std
{   char num[6];
    char name[8];
    float mark[4];
}a[30];
FILE *fp;
```

    A．for(i=0;i<30;i++)

        fread(&a[i],sizeof(struct std),1L,fp);

    B．for(i=0;i<30;i++)

        fread(a+i,sizeof(struct std),1L,fp);

    C．fread(a,sizeof(struct std),30L,fp);

    D．for(i=0;i<30;i++)

        fread(a[i],sizeof(struct std),1L,fp);

6．以下可作为函数 fopen 中第一个参数的正确格式是（　　）。

    A．c:user\text.txt　　　　　　　　　　　　B．c:\user\text.txt

    C．"c:\user\text.txt"　　　　　　　　　　　D．"c:\\user\\text.txt"

7．利用 fseek 函数可实现的操作是（　　）。

    A．改变文件的位置指针　　　　　　　　　B．文件的顺序读写

    C．文件的随机读写　　　　　　　　　　　D．以上答案均正确

8．函数 ftell(fp)的作用是（　　）。

    A．得到流式文件中的当前位置　　　　　　B．移动流式文件的位置指针

    C．初始化流式文件的位置　　　　　　　　D．以上答案均正确

二、读程序写结果

1．分析以下程序的功能。

```
#include"stdio.h"
void main()
{
    FILE  *fp;
    fp=fopen("abc","r+");
    while(!feof(fp))
        if(fgetc(fp)=='*')
```

```
        {
            fseek(fp,-1L,SEEK_CUR);
            fputc('$',fp);
            fseek(fp,ftell(fp),SEEK__SET);
        }
        fclose(fp);
    }
```

2．在运行以下程序后，写出 abc 文件中的内容。

```
#include "stdio.h"
void main()
{
    FILE  *fp;
    char *str1="first";
    char *str2="second";
    if ((fp=fopen("abc","w+"))==NULL)
    {   printf("can not open abc file\n");
        exit(0);
    }
    fwrite(str2,6,1,fp);
    fseek(fp,0L,SEEK_SET);
    fwrite(str1,5,1,fp);
    fclose(fp);
}
```

三、填空题

1．以下程序的功能是将文件 file1.c 的内容输出到屏幕上，并复制到文件 file2.c 中。请填空完成以下程序。

```
#include <stdio.h>
void main (    )
{   FILE ____(1)____;
    fp1=fopen("file1.c","r");
    fp2=fopen("file2.c","w");
    while (!feof(fp1))  putchar(fgetc(fp1));
    ____(2)____
    while (!feof(fp1))  fputc(____(3)____);
    fclose(fp1);
    fclose(fp2);
}
```

2．打印出 worker2.rec 中顺序号为奇数的职工记录（第 1、3、5、…号职工的数据）。请填空完成以下程序。

```
#include <stdio.h>
struct worker_type
{   int num;
    char name[10];
```

```
        char sex;
        int age;
        int pay;
    } worker[10];
    void main()
    {   int i;
        FILE *fp;
        if ((fp=fopen(_____(1)_____))==NULL)
        {   printf("cannot open\n");
            exit(0);
        }
        for (i=0;i<10;_____(2)_____)
        {   fseek(fp,_____(3)_____,0);
            fread(_____(4)_____,_____(5)_____,1,fp);
            printf("%5d %-10s %-5c %5d %5d\n",worker[i].num,
            worker[i].name,worker[i].sex,worker[i].age,worker[i].pay);
        }
        fclose(fp);
    }
```

四、编程题

1. 从磁盘文件 file1.dat 中读入一个字符串，将其中所有小写英文字母改为大写英文字母，然后输出到磁盘文件 file2.dat 中。

2. 将 10 名职工的数据从键盘输入，然后送入磁盘文件 worker1.rec 中保存。设职工数据包括职工号、姓名、性别、年龄、工资，再从磁盘调入这些数据，依次打印出来（用 fread 和 fwrite 函数）。

3. 用 scanf 函数从键盘输入 5 名学生数据（包括学生名、学号、3 门课程的分数），然后求出 3 门课程的平均分数。用 fprintf 函数输出所有信息到磁盘文件 stu.dat 中，再用 fscanf 函数从 stud.rec 中读入这些数据并在屏幕上显示出来。

4. 将第 3 题中生成的 stu.dat 文件中的信息读出来并按照平均分数由高到低进行排序，然后再写回文件中。

5. 有两个磁盘文件 A.dat 和 B.dat，各存放一行英文字母，要求将这两个文件中的信息合并（按英文字母顺序排列），输出到一个新文件 C.dat 中。

6. 有一个文本文件包，该文件包存有多行信息，每行信息由英文字母和空格组成，请编写程序统计该文件中的单词个数。

【习题参考答案】

一、选择题

1～5：CACAD　　　　6～8：DAA

二、读程序写结果

1. 将 abc 文件中所有'*'替换成'$'

2. firstd

三、填空题

1.（1）*fp1,*fp2;

（2）rewind(); 或 fseek(fp1,0l,SEEK_SET);

（3）fgetc(fp1),fp2

2.（1）"worker2.rec","rb"

（2）i+=2

（3）i*sizeof(struct worker_type)

（4）worker+i 或 &worker[i]

（5）sizeof(struct worker_type)

四、编程题

略。

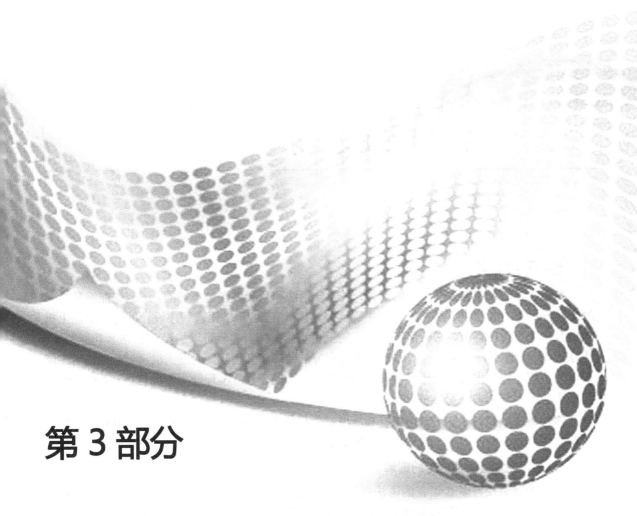

第 3 部分

上机实验篇

第 1 章

实验目的及要求

一、实验目的

C 语言是一门实践性非常强的课程，只学会语法和只会做题是不够的，还应该能够独立编写出程序并会分析错误，最终使程序正确运行。因此在学习 C 语言程序设计的过程中，上机实验是十分重要的环节，必须保证有足够的上机实验时间。实验可以加深对 C 语言功能特征、语法规则、程序编译与运行等基本概念和基本方法的理解和运用。通过上机调试程序，学生能及时发现程序编写中出现的错误并找到修改的方法，提高独立编程能力和编程技巧，在后续课程中为学习 C 语言打下坚实的基础。

为此，我们结合课堂讲授的内容和进度，安排了 11 次上机实验。上机实验的目的不仅为了验证教材和讲课的内容、检查自己所编的程序是否正确，而且包括以下 3 个方面。

1. 加深对课堂讲课内容的理解

课堂上会讲授许多 C 语言的语法规则，十分枯燥无味，不容易记住，死记硬背是不可取的。然而用 C 语言编程解决实际问题，又必须掌握基本语法。因此需要通过多次上机练习，对语法知识产生感性的认识，再经历查找错误原因的过程，就会自然而然地掌握 C 语言的基本语法规则。

2. 熟练使用集成开发工具

本书中所采用的 C 语言开发环境为 Microsoft 公司的 Visual C++ 6.0 集成开发环境（以下简称 VC++环境）。一个 C 语言程序从编辑、编译、链接到运行，都要在一定的外部操作环境下才能进行。所谓"环境"就是所用的计算机系统的软硬件条件，只有学会使用这些环境，才能进行程序开发工作。通过上机实验，熟练地掌握 C 语言开发环境，为以后真正编写计算机程序并解决实际问题打下基础。同时，在今后遇到其他语言开发环境时就会触类旁通，很快掌握新系统的使用。

3. 掌握程序调试的一般方法

对于编写完成后的程序来说，绝不意味这是一个万无一失的程序，实际上机运行时可能会不断出现错误。如编译程序检测出语法错误：scanf()函数的输入表中出现非地址项、某变量未进行类型定义、语句末尾缺少分号等。有时程序本身不存在语法错误也能够顺利运行，但是运行结果显然是错误的。开发环境所提供的编译系统无法发现这种程序逻辑错误，只能靠自己的上机经验分析和判断错误。程序调试是一项技巧性很强的工作，对于初学者来说，尽快掌握程序调试方法是非常重要的。有时候一个消耗你几个小时的小小错误，而调试高手一眼就能看出这个错误。

经常上机编程的人见多识广、经验丰富，对出现的错误很快就有基本的判断，通过 C 语言提供的调试手段逐步缩小错误点的范围，最终找到错误点和错误原因，这样的经验和能力只有通过较多的上机实践才能获得。向别人学习调试程序的经验当然重要，但更重要的是自己通过上机实践分析、总结调试程序的经验和心得。别人告诉你一些经验，当时似乎能明白，但当出现错误时，由于情况千变万化，这个经验不一定用得上，或者根本没有意识到使用该经验，因此只有通过自己在调试程序过程中的经历，分析总结出的经验才是自己的，一旦遇到问题，这些经验自然涌上心头。所以调试程序不能指望别人替代，必须自己动手。分析问题、选择算法、编好程序只能说完成了一半工作，另一半工作就是调试程序、运行程序并得到正确结果。

二、实验要求

上机实验一般包括上机前的准备（编程）、上机输入和编写程序并调试运行程序以及实验结束后做总结 3 个步骤。

1．上机前的准备

根据问题进行分析，选择适当的算法并编写程序。上机前一定要仔细检查程序（称为静态检查）直到找不到错误（包括语法和逻辑错误）。分析可能遇到的问题及解决的对策，准备几组测试程序的数据和预期的正确结果，以便发现程序中可能存在的错误。

如果上机前没有充分的准备，到上机时临时拼凑一个错误百出的程序，那么将白白浪费宝贵的上机时间。如果抄写或复制别人编写的程序，那么到头来自己将一无所获。

2．上机输入和编写程序并调试运行程序

启动 C 语言集成开发环境，输入并编写事先准备好的程序；然后对程序进行编译，查找语法错误，若存在语法错误，则重新进入编辑环境，改正后再进行编译，直到通过编译，得到目标程序（扩展名为 obj）；下一步是链接程序，产生可执行程序（扩展名为 exe），使用预先准备的测试数据运行程序，观察是否得到预期的正确结果，若有问题，则仔细调试，排除各种错误，直到得到正确结果。在调试过程中，要充分利用 C 语言集成开发环境提供的调试手段和工具，如单步跟踪、设置断点、监视变量值的变化等。整个过程应自己独立完成，不要遇到一个小问题就找老师，要学会独立思考、勤于分析，通过自己实践得到的经验用起来更加得心应手。

3．实验结束后做总结

在实验结束后，要整理实验结果并认真分析和总结，总结一下今天的实验遇到哪些语法错误并且是如何改正的，还要总结一下学会了哪些算法。

第 2 章

Microsoft Visual C++集成环境

C++语言是在 C 语言基础上发展而来的，它增加了面向对象的编程，成为当今流行的一种程序设计语言。Visual C++ 6.0 是美国微软公司开发的 C++集成开发环境，它集程序的编写、编译、链接、调试、运行，以及应用程序的文件管理于一体。它不仅支持 C++语言的编程，而且兼容 C 语言的编程。由于 VC++被广泛地用于各种编程，因此使用面很广。这里简要地介绍如何在 VC++下运行 C 语言程序。

一、启动 VC++

VC++是一个庞大的语言集成工具，经安装后将占用几百兆磁盘空间。从"开始"—"程序"—"Microsoft Visual Studio 6.0"—"Microsoft Visual C++ 6.0"，可启动 VC++，屏幕上将显示如图 1 所示的窗口。

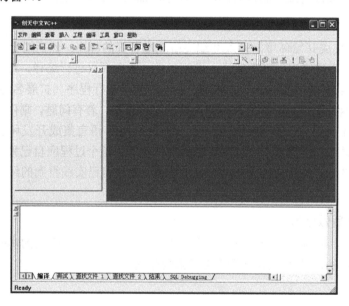

图 1　VC++主界面

二、新建/打开 C 程序文件

选择"文件"菜单中的"新建"，则出现如图 2 所示的"新建"对话框。

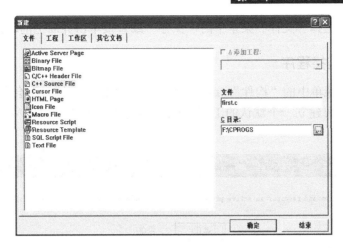

图 2　"新建"对话框

单击图 2 中的"文件"选项卡，选中左侧"C++ Source File"，在右侧"文件"下方的编辑框中输入一个名字为"first.c"（注意：此处的文件名自己任意确定，其中扩展名".c"表示是 C 语言的程序，也可以不加扩展名，则系统默认为".cpp"，表示是 C++程序，这对我们的程序影响不大）的文件名，右侧"目录"下方的编辑框用来指出文件存放的位置，可单击按钮进行选择（注意：最好在编程前先建立一个文件夹，把以后所有程序都存在该文件夹内）。然后单击"确定"按钮，则系统创建了一个"first.c"文件。

注：若要修改已存在的程序文件，则可选择"文件"选项卡中的"打开"选项组，并在查找范围中找到正确的文件夹，调入指定的程序文件即可。

三、编辑程序

在中间的空白区域（称为编辑区域）输入程序代码。注意：程序一定要在英文状态下输入，即字符、标点都要在半角状态下输入，同时注意英文字母的大小写，一般都用小写英文字母。如图 3 所示。

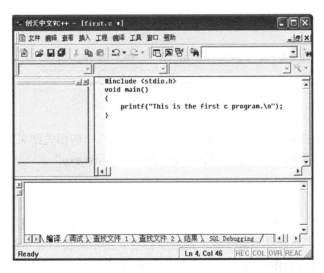

图 3　编辑程序

编写完程序，选择"文件"菜单中的"保存"或直接单击界面上的■按钮进行保存。

四、编译、链接程序

选择"编译"菜单中的"构件"，或直接单击界面上的■按钮，则会出现如图 4 所示的对话框，询问是否要建立一个默认的工程（VC++要求每个程序文件必须在一个工程中才能运行）。

图 4　是否建立一个默认的工程

若单击"是"按钮，则系统创建一个默认的工程，然后先对程序进行编译。若没有错误则进行链接操作，最终生成"first.exe"可执行程序。如图 5 所示。

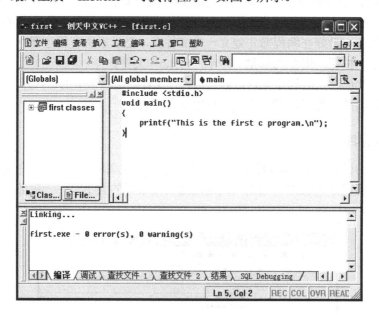

图 5　编译、链接成功

在图 5 中，下面的窗口称为输出窗口，来显示程序的一些相关结果信息，如 0 error(s)，0 warning(s)表示程序没有错误，已经生成可执行的程序"first.exe"。

五、运行程序

选择"编译"菜单中的"执行 first.exe"，或组合键【Ctrl】+【F5】，或直接单击工具条上的!按钮即可运行程序。当程序运行后，则出现如图 6 所示的窗口显示结果。

注意图中"This is the first c program."是执行程序的结果，说明程序运行正常。而"Press any key to continue"是 VC++系统显示的，提示按任意键将关闭该窗口。

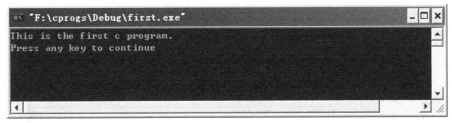

图 6　运行结果

六、程序调试

除较简单的程序外，一般程序很难一次就能做到完全正确。在上机过程中，根据出错的信息找出错误并改正称为程序调试。我们要在学习程序设计的过程中，逐步培养调试程序的能力，它不可能靠几句话讲清楚，要靠自己在上机过程中不断摸索总结，可以说是一种经验的积累。程序中的错误大致可分为以下 3 类。

（1）程序编译时检查出来的语法错误。

（2）程序链接时出现的错误。

（3）程序运行过程中出现的错误。

1．编译错误

编译错误通常是编程者违反了 C 语言的语法规则，如关键字输入错误、大括号不匹配、语句少分号等。

对于编译错误，C 语言系统会提供出错信息，包括出错位置（行号）和出错提示信息。编程者可以根据这些信息，找出相应错误。如图 7 所示。

图 7　编译错误

图 7 中的程序存在编译错误，则在编译、链接程序时，输出窗口就会显示错误信息，如"syntax error: missing ':'before'}'"（语法错误，在'}'前少了分号）。此时用鼠标双击该错误信息

行,系统会自动跳到出错的语句附近,注意是出错的语句附近而不一定是准确的出错的那一行。如图8所示。

图8 编译出错位置

根据出错信息和系统所跳转的位置可以得知"printf("This is the first c program.\n")"语句后少了分号,故加上分号,重新编译、链接即可。

有时系统提示的一大串错误信息,并不表示程序中实际有这么多错误,往往是因为前面的一两个错误带来的。所以当你纠正了几个错误后,不妨再编译、链接一次,然后根据最新的出错信息再继续纠正。

2. 链接错误

当在程序中进行函数调用时,系统找不到函数的定义就会出现链接错误。如图9所示。

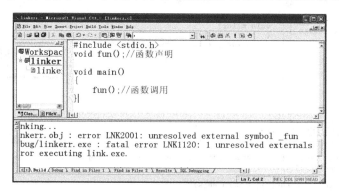

图9 链接错误

在图9中,函数 fun 只有声明和调用,没有函数的定义,因此在进行链接操作时就会出现链接错误"unresolved external symbol_fun"。只要加上函数 fun 的定义,错误就会解决。

3. 运行错误

有些程序通过了编译、链接,并能够在计算机上运行,但得到的结果不正确,这类在程序执行过程中的错误称为运行错误,往往最难改正。错误的原因一部分是程序书写错误,如应该使用变量 x 的地方写成了变量 y,虽然没有语法错误,但意思完全错了;另一部分可能是程序的算法不正确,即解题思路不对。还有一些程序计算结果有时正确有时不正确,这往往是编程时对各种情况考虑不全面所致。解决运行错误的首要步骤就是错误定位,即找到出错的位置才能予以纠正。通常我们先设法确定错误的大致位置,然后通过 C 语言提供的调试工具找出真正的错误。例如,如图 10 所示的程序,功能是求任意输入的两个 double 类型数的和,编译、链接都正确,但运行时出错。

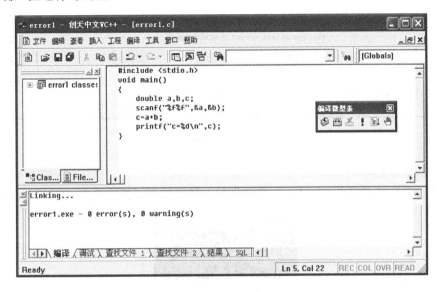

图 10　求和程序

在程序运行时输入 1 和 2,结果应该为 3,但结果却如图 11 所示出现错误。我们可以用 VC++提供的调试工具来查错。

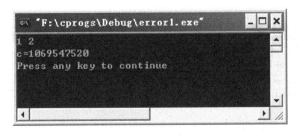

图 11　运行错误

第一步:设置断点。

断点的作用是程序执行到断点处暂停,使用户可以观察当前的变量或其他表达式的值,然后继续运行。先把光标定位到要设置断点的位置,然后单击"编译"工具条上的 按钮(Inert/Remove Breakpoint)或 F9,断点就设置好了。若要取消断点,则只要把光标放到要取消的断点处,单击 按钮,这个断点就取消了。

在该程序中我们把断点设在"c=a+b;"语句处,先查看一下程序运行时 a、b 是否得到了正确的值。如图 12 所示。

图 12　设置断点

第二步：调试程序。

单击"编译"工具条 （go F5），程序运行，等待输入，我们输入 1 和 2，如图 13 所示。

图 13　输入数据

此时程序执行完 scanf 语句就暂停下来，回到 VC++主界面，可以看出程序暂停在设置的断点处，如图 14 所示。

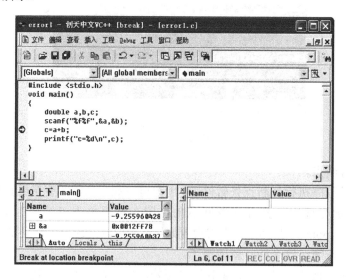

图 14　程序暂停在设置的断点处

在主界面下方的 Watch1 窗口中输入 a、b，来查看 a、b 是否得到了正确的输入数据，即 a 的值应该是 1，b 的值应该是 2。从图 15 中可以看出结果不是这样的，说明 scanf 语句不正确，仔细检查一下 scanf 语句发现错误，即 a、b 是 double 类型的数据，应该用%lf 格式符。

注意，变量可以在 Watch1、Watch2、Watch3、Watch4 任何一个窗口输入，输入可以是变量，也可以是表达式。

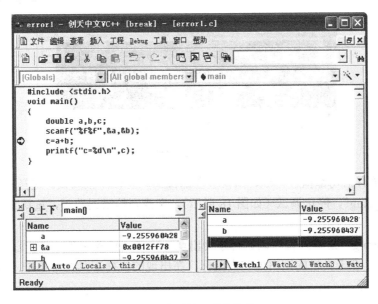

图 15　查看输入数据的值

继续执行程序看是否还有错误，可以在 Watch1 窗口重新给 a、b 赋值，改变原来的值，如在 Watch1 窗口中输入表达式 a=1，则 a 的值就改变为 1，输入 b=2，则 b 的值就变为 2。如图 16 所示。

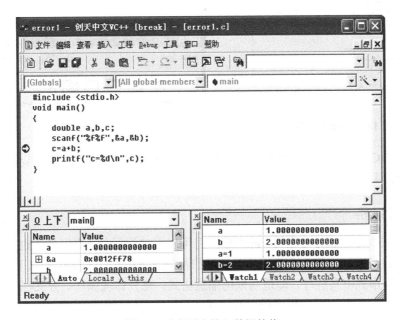

图 16　改变原来输入数据的值

接下来，选择"Debug"菜单中的"Step Over"进行单步调试，即一步一步执行。系统执行语句"c=a+b;"，此时可以在 Watch1 窗口输入 c，来查看 c 的值是 3，说明运行结果正确。然后继续选择"Step Over"进行单步调试，执行 printf 语句。此时查看显示结果的窗口，如图 17 所示。若 c=0，则说明程序出错，即 printf 语句写错了，仔细检查发现仍是格式符用错，将"%d"改为"%lf"或"%f"即可。

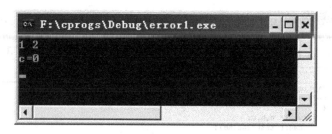

图 17　程序运行结果

程序中的所有语句都执行完毕，错误也全部找到，应该停止调试。选择"Debug"菜单中的"Stop Debugging"，停止调试（如图 18 所示）。把找到的错误改正，重新编译、链接，然后运行程序即可。

注意，"Debug"菜单只有在调试时才会出现，除使用该菜单外，还可以使用调试工具栏（如图 19 所示）。在工具栏的空白处右击鼠标，在出现的快捷工具栏中单击"调试"选项，即可出现调试工具栏。

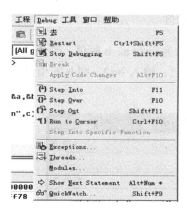

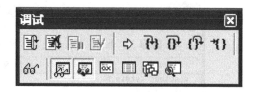

图 18　"Debug"菜单　　　　　　　　图 19　调试工具栏

以上只对 VC++中的主要功能做了简单的介绍，对于其他的操作读者可以自行实验，或参考 VC++的相关手册。

七、编程风格

为了尽量减少错误和方便查错，除程序本身可以正确运行外，书写格式也非常重要，它体现了编程者的自身素养。每个人都应培养良好的程序设计风格，应该做到以下 4 点。

（1）用阶梯形式书写程序，即适当采用缩进格式，充分体现循环、分支程序结构的位置与层次，便于程序的调试，减少程序的书写错误。

（2）左右花括号尽量对齐，函数间增加空行，以示分隔。如以下程序段。

```
for(i=0;i<4;i++)
{                                    //花括号单独占一行
    for(j=0;j<4;j++)                 //此处的 for 语句向右缩进了一个 tab 键
        printf("i=%d,j=%d",i,j);     //此处的 printf 语句向右缩进了两个 tab 键
    printf("\n");
}                                    //此处的花括号与起始花括号对齐
```

（3）变量名、函数名的取名采用与其所表达的意义相同或相近的英文单词，使得在阅读程序时容易理解。

（4）在程序中加上注解，尤其在关键步骤上，函数的开始处应对函数的功能、参数的意义及返回值予以说明。

第3章

实验指导

实验1 C语言程序开发环境及上机过程

一、实验目的

1. 熟悉并掌握 C 语言开发环境——VC++ 6.0 的使用方法。
2. 掌握 C 语言程序的编辑、编译、调试及运行的相关步骤及方法。
3. 了解 C 语言程序的结构特点。

二、预习内容

1. C 语言程序的编写步骤。
2. VC++ 6.0 的启动及退出方法，VC++ 6.0 工具栏的功能及使用方法。
3. C 语言标准输入/输出库函数的正确使用方法。

三、实验内容

1. 输入以下程序，练习在 VC++ 6.0 下，程序的编辑、编译及运行。注意各种出错信息。

```
#include <stdio.h>
void main()
{
    printf("hello world! ");
}
```

（1）正确输入上例程序并完成程序的编译及运行。
（2）不输入程序中的分号，重新编译程序，查看出错信息，然后改正。
（3）把 main 改成 mian，重新编译程序，查看出错信息，然后改正。
（4）少输入一个双引号，重新编译程序，查看出错信息，然后改正。

2. 写出程序运行结果并上机验证（要求上机前先分析程序并写出运行结果，然后上机进行结果验证）。

```
#include <stdio.h>
void main()
{
    printf("I am");
```

```
        printf(" a student!\n");
    }
```

3．完成以下程序的编辑、编译、运行并观察结果，说明该程序的功能。

```
#include <stdio.h>
void main()
{
    int a, b, c;
    printf("Please input a, b:");
    scanf("%d%d",&a,&b);
    c=a+b;
    printf("%d+%d=%d\n",a,b,c);
}
```

4．编程题。

（1）请参照本章例题，编写一个 C 语言程序，用于显示以下信息。

```
*********************
Hello  World!
*********************
```

（2）请参照本章例题，编写一个 C 语言程序，任意输入 3 个整数，计算它们的和并显示。

实验 2　顺序结构程序设计

一、实验目的

1．熟悉并掌握 C 语言程序的基本构成。

2．熟悉 C 语言中各种基本数据类型的使用。

3．掌握 C 语言各种语句正确的使用方法。

4．重点掌握标准输入/输出函数的使用方法。

5．了解 C 语言程序各语句的执行顺序及过程。

6．掌握简单顺序结构中程序的设计方法。

二、预习内容

1．熟悉表达式语句、复合语句的构造。

2．熟悉 putchar、getchar、printf、scanf 函数的使用方法。

3．掌握 C 语言程序的正确构造方法。

三、实验内容

1．给出程序运行结果并上机验证（要求上机前先分析各程序并写出运行结果，然后上机进行结果验证）

程序 1：

```
#include<stdio.h>
void main()
{
```

```
        char c1;
        int a;
        c1= 'a';
        a=2;
        c1+=a;
        printf("%c\n",c1);
    }
```

（1）将语句 c1='a'改写成 c1=97 并重新分析程序结果。

（2）将语句 c1='a'改写成 c1="a" 并重新分析程序结果。

（3）将语句 printf("%c\n",c1)改写成 printf("%d\n",c1)并重新分析程序结果。

程序 2：

```
#include<stdio.h>
void main()
{
    int a,b,c;
    printf("enter a,b:");
    scanf("%d,%d",&a,&b);
    c=++a*b;
    printf("%d%d%d\n",a,b,c);
}
```

（1）将语句 scanf("%d,%d",&a,&b)改写成 scanf("%d%d",&a,&b) 并重新分析程序结果。

（2）将语句 c=++a*b 改写成 c=a++*b 并重新分析程序结果。

（3）将语句 printf("%d%d%d\n",a,b,c)改写成 printf("%4d%5d%6d\n",a,b,c) 并重新分析程序结果。

2．程序填空（根据给出程序的设计要求，在画线部分填入正确的程序代码，然后上机对程序进行验证）

（1）请从键盘任意输入一个大写英文字母，然后将其转换成对应的小写英文字母输出。

注意：部分程序如下。请勿改动主函数 main 的任何内容，仅在程序中的横线上填入所编写的若干表达式或语句。

```
#include<stdio.h>
void main()
{
    char c1;
    c1=_____;
    c1=_____;
    printf("%c\n",c1,);
}
```

（2）从键盘任意输入一个三位整数，分别输出该数的百、十及个位数字。

注意：部分程序如下。请勿改动主函数 main 的任何内容，仅在程序中的横线上填入所编写的若干表达式或语句。

```
#include<stdio.h>
void main()
{
```

```
    int a,b,c,d;  //b百位,c十位,d个位
    scanf("%d",&a);
    b=_____;
    c=_____;
    d=_____;
    printf("%d,%d,%d\n",b,c,d);
}
```

3．改错题（请改正程序中/**********FOUND**********/下面一行的错误，使其能得出正确的结果。注意：不得增行或删行，也不得更改程序的结构）

以下程序的功能是求两个双精度数的平均值。请改正程序中的错误，使它能得到正确结果。

```
#include<stdio.h>
void main()
{
    double a,b,c;
    /*********************FOUND1*********************/
    scanf("%d,%d",a,b);
    /*********************FOUND2*********************/
    c=1/2*(a+b);
    /*********************FOUND3*********************/
    printf("a=%d,b=%d,c=%d\n",a,b,c);
}
```

4．编程题（根据给出的编程要求完成程序的编写及录入，然后上机进行程序的运行及调试）

（1）已知 a、b 均是整型变量，编程将 a、b 两个变量中的值互换。

（2）将华氏温度转换为摄氏温度和热力学温度的公式分别为

$$c=\frac{5}{9}(f-32) \qquad （摄氏温度）$$

$$k=273.16+c \qquad （热力学温度）$$

请编写程序：当输入 f 时，求其相应的摄氏温度和热力学温度。

（3）任意输入一个直角三角形的两条直角边的长度（双精度数），求出第三条边的长度并输出。

（4）假设 m 是一个三位整数，请编程将 m 的个位、十位、百位反序生成一个新整数（例如，123 反序生成 321，120 反序生成 21），并把新整数输出。

（5）定义 3 个字符变量，分别给这 3 个字符输入数字字符，编程求出这 3 个数字字符所对应的整数的和。例如，假设 a 存有字符'5'，b 存有字符'8'，c 存有字符'9'，则求出的和为 22。

（6）设圆半径 r，圆柱高 h，求圆周长、圆面积、圆球体积、圆柱体积。用 scanf 函数输入数据，输出计算结果，输出时要求有文字说明，保留小数点后两位数字。

（7）输入一个小写英文字母，显示出其在小写英文字母表中的序号。如若输入 a，则显示"a 在小写英文字母表中的序号是 1！"。若输入 d，则显示"d 在小写英文字母表中的序号是 4！"。

实验3　选择结构程序设计

一、实验目的

1．掌握 C 语言表示逻辑量的方法（以 0 代表"假"，以非 0 代表"真"）。

2．学会正确使用逻辑运算符和逻辑表达式。

3．熟练掌握 if 语句和 switch 语句。

二、预习内容

复习关系表达式、逻辑表达式、if 语句和 switch 语句。

三、实验内容

1．改错题（请改正程序中/*********FOUND*********/下面一行的错误，使其能得出正确的结果。注意：不得增行或删行，也不得更改程序的结构）

（1）输入两个实数，按代数值由小到大的顺序输出。（输出的数据全部保留两位小数）

```
#include <stdio.h>
void main()
{
    /*********FOUND1*********/
    float t
    float a, b;
    /*********FOUND2*********/
    scanf("%d %d",&a,&b);
    /*********FOUND3*********/
    if(a<b)
    /*********FOUND4*********/
    t=a;a=b;b=t;
    /*********FOUND5*********/
    printf("%5.2f,%5.2f\n",&a,&b);
}
```

（2）计算下面分段函数，输入 x，输出对应的 y。

$$y = \begin{cases} x-1, & x < 0 \\ 2x-1, & 0 \leqslant x \leqslant 10 \\ 3x-11, & x > 10 \end{cases}$$

```
#include <stdio.h>
void main()
{   int x,y;
    printf("\n Input x:\n");
    /*********FOUND1*********/
    scanf("%d", x);
    if(x<0)
        y=x-1;
    /*********FOUND2*********/
    else if(0<=x<=10)
    /*********FOUND3*********/
    y=2x-1;
        else
    /*********FOUND4*********/
        y=3x-11;
```

```
/**********FOUND5**********/
    printf("y=%d",&y);
}
```

（3）企业发放的奖金根据利润提成。当利润（i）低于或等于 10 万元时，奖金可提 10%；当利润高于 10 万元低于 20 万元时，低于 10 万元的部分按 10%提成，高于 10 万元的部分可提成 7.5%；当利润为 20 万元到 40 万元之间时，高于 20 万元的部分可提成 5%；当利润为 40 万元到 60 万元之间时，高于 40 万元的部分可提成 3%；当利润为 60 万元到 100 万元之间时，高于 60 万元的部分可提成 1.5%；当利润高于 100 万元时，超过 100 万元的部分按 1%提成，从键盘输入当月利润 i，求应发放奖金总数。

```
#include <stdio.h>
void main()
{
    int i;
    double bonus1,bonus2,bonus4,bonus6,bonus10,bonus;
    /**********FOUND1**********/
    scanf("%d",i);
    bonus1=100000*0.1;bonus2=bonus1+100000*0.75;
    bonus4=bonus2+200000*0.5;
    bonus6=bonus4+200000*0.3;
    bonus10=bonus6+400000*0.15;
    /**********FOUND2**********/
    if(i>100000)
        bonus=i*0.1;
    else if(i<=200000)
        bonus=bonus1+(i-100000)*0.075;
    else if(i<=400000)
        bonus=bonus2+(i-200000)*0.05;
    else if(i<=600000)
        bonus=bonus4+(i-400000)*0.03;
    else if(i<=1000000)
        bonus=bonus6+(i-600000)*0.015;
    else
        bonus=bonus10+(i-1000000)*0.01;
    /**********FOUND3**********/
    printf("bonus=%d",bonus);
}
```

2．编程题

（1）利用条件运算符的嵌套来完成此题，任意输入一名学生的成绩，学习成绩高于等于 90 分用'a'表示，60～89 分之间用'b'表示，60 分以下用'c'表示。

（2）编写一个程序，从 4 个整数中找出最小的数，并显示此数。

（3）有一个函数，当 $x<0$ 时，$y=1$；当 $x>0$ 时，$y=3$；当 $x=0$ 时，$y=5$；从键盘输入一个 x 值，输出对应的 y 值。

（4）键盘输入两个加数，再输入两个数的和，若答案正确，则显示"right"；否则显示"error"。

（5）编写程序根据每月上网时间（t/小时）计算上网费用（y/元），计算方法如下。

$$y=\begin{cases}30, & t\leqslant10 \\ 3t, & 0<t<50 \\ 2.5t, & t\geqslant50\end{cases}$$

要求，输入每月上网时间，显示该月总的上网费用。

（6）神州行用户无月租费，话费每分钟 0.6 元，全球通用户月租费 50 元，话费每分钟 0.4 元。输入一个月的通话时间，分别计算出两种通话方式的费用，判断哪一种更划算。

（7）从键盘输入年份和月份，显示这个月的天数。例如：输入 1997 1，则显示"1997 年 1 月份共 31 天！"。

实验4 循环结构程序设计

一、实验目的

1．掌握利用 for 语句、while 语句和 do-while 语句实现循环的方法。

2．掌握嵌套循环结构的执行过程。

3．理解循环结构在程序段中语句的执行过程。

4．掌握 continue 与 break 在循环结构中的作用与区别。

5．掌握在程序设计中用循环的方法实现各种算法。

二、预习内容

预习语句的使用包括 for、while、do-while、break 和 continue。

三、实验内容

1．改错题（请改正程序中/**********FOUND**********/下面一行的错误，使其能得出正确的结果。注意：不得增行或删行，也不得更改程序的结构）

（1）程序功能：求 20 以内所有 5 的倍数之积。

```
#define N 20
#include <stdio.h>
void main()
{
    /**********FOUND1**********/
    int s=0,i;
    for(i=1;i<N;i++)
        /**********FOUND2**********/
        if(i%5=0)
            /**********FOUND3**********/
            s=*i;
    printf("%d 以内所有 5 的倍数之积为：%d\n",N,s);
}
```

（2）程序功能：输入 m，计算如下公式的值。

$$y=1/2+1/8+1/18+\cdots+1/2m\times m$$

```
#include <stdio.h>
void main()
{
    /**********FOUND1**********/
    double y=0
    int i;
    int m;

    printf("Enter m: ");
    scanf("%d", &m);

    /**********FOUND2**********/
    for(i=1; i<m; i++)
    {
        /**********FOUND3**********/
        y+=1/(2*i*i);
    }
    printf("\nThe result is %f\n",y);
}
```

2．编程题

（1）编写程序，实现求 1～100 之间的所有奇数的和，以及所有偶数的积并输出。

（2）有一个分数序列：2/1，3/2，5/3，8/5，13/8，21/13，…，编程求这个序列的前 20 项之和。

（3）输入 n 的值，n 代表行数，输出如下图所示的图形。（此图为 n＝6 时的输出结果）

```
    *
    *  *
    *  *  *
    *  *  *  *
    *  *  *  *  *
    *  *  *  *  *  *
```

（4）随机输入若干名学生的体重，以输入负数或零结束，分别求最重和最轻学生的体重，并计算学生的平均体重。

（5）求 $s=a+aa+aaa+aaaa+aa\cdots a$ 的值，其中 a 是任意数。如 2+22+222+2222+22222（此时共有 5 个数相加，几个数相加由键盘控制）。

（6）一个小球从 100 米的高度自由落下，每次落地后反跳回原高度的一半，然后落下，以此类推，求它在第 10 次落地时，共经过多少米？第 10 次反弹多高？

（7）一个数若恰好等于它的因子之和，则这个数称为"完数"。例如：由于 6 的因子为 1、2、3，而 6=1+2+3，因此 6 是"完数"。求 50 以内"完数"的个数。

（8）输入一个字符串，分别统计出其中英文字母、空格和数字的个数。

实验 5　构造类型数据（一）

一、实验目的

1．掌握数组的定义、赋值和输入/输出的方法。

2. 学习用数组实现相关的算法（如排序、求最大值和最小值、对有序数组的插入等）。

二、预习内容

复习数组的定义、引用和相关算法的程序设计。

三、实验内容

1. 改错题（请改正程序中/*********FOUND*********/下面一行的错误，使其能得出正确的结果。注意：不得增行或删行，也不得更改程序的结构）

（1）从 *m* 名学生的成绩中统计出高于和等于平均分的学生人数，输入学生成绩时，用−1结束输入，由程序自动统计学生人数。例如，若输入 8 名学生的成绩，则输入形式如下。

```
80.5 60 72 90.5 98 51.5 88 64 -1
```

运行结果为

```
The number of students :4
Ave = 75.56。
```

本题程序为

```c
#include <stdio.h>
void main()
{
    float a, s[30], av, t;
    int m = 0, count, i;
    count = 0; t=0.0;
    printf ( "\nPlease enter marks ( -1 to end):\n " );
    scanf("%f",&a );
    while( a>0 )
    {
        s[m] = a;
        m++;
        /*********FOUND1*********/
        scanf ( "%d", &a );
    }

    for ( i = 0; i < m; i++ ) t += s [ i ];
    av = t/m;
    for ( i = 0; i < m; i++ )
    /*********FOUND2*********/
    if ( s[ i ] < av ) count++;
    printf( "\nThe number of students : %d\n",count);
    printf( "Ave = %6.2f\n",av );
}
```

（2）求一个数组中的最大值及其在数组中的下标。

```c
#include "stdio.h"
void main()
{   int max,j,m;
```

```
    int a[5];
    /**********FOUND1**********/
    for(j=1;j<=5;j++)
    /**********FOUND2**********/
    scanf("%d",a);
    max=a[0];
    /**********FOUND3**********/
    for(j=1;j<=5;j++)
    /**********FOUND4**********/
    if(max>a[j])
    /**********FOUND5**********/
        max=a[j];
    /**********FOUND6**********/
        m=j;
    /**********FOUND7**********/
    printf("下标：%d\n 最大值:%d", j, max);
}
```

（3）程序读入 20 个整数，统计非负数的个数，并计算非负数之和。

```
#include "stdio.h"
void main()
{
    int   i, a[20], s, count;
    /**********FOUND1**********/
    s=count=1;
    /**********FOUND2**********/
    for(i=0;i<=20;i++)
    /**********FOUND3**********/
        scanf("%f",&a[i]);
    for(i=0;i<20;i++)
    {
        if(a[i]<0)
        /**********FOUND4**********/
        break;
        s +=a[i];
        count++;
    }
    /**********FOUND5**********/
    printf("s=%f  count=%d\n",s,count);
}
```

（4）求一个 3×3 矩阵的主对角线元素之和。

```
void main()
{   int a[3][3];
    /**********FOUND1**********/
    int  sum;
    int i,j;
```

```
        printf("Enter data:\n");
        for(i=0;i<3;i++)
        /**********FOUND2**********/
        for(j=0;j<3;j++)
        /**********FOUND3**********/
            scanf("%f",&a[i][j]);
        for(i=0;i<3;i++)
        /**********FOUND4**********/
        for(j=0;j<=3;j++)
        /**********FOUND5**********/
        if (i=j)
            sum +=a[i][j];
        printf("sum=%5d\n",sum);
    }
```

（5）实现 3×3 矩阵的转置，即行列互换。

```
    #include <stdio.h>
    void main()
    {   int i,j,t,a[3][3];
        int n=3;
        for(i=0;i<n;i++)
            for(j=0;j<n;j++)
                /**********FOUND1**********/
                scanf("%d",a[i][j]);
        for(i=0;i<n;i++)
        {
            for(j=0;j<n;j++)
                printf("%4d",a[i][j]);
            printf("\n");
        }
        for(i=0;i<n;i++)
        /**********FOUND2**********/
        for(j=0;j<n;j++)
        {
            /**********FOUND3**********/
            a[i][j]=t;
            a[i][j]=a[j][i];
            /**********FOUND4**********/
            t=a[j][i];
        }
        for(i=0;i<n;i++)
        {
            for(j=0;j<n;j++)
            printf("%4d",a[i][j]);
                printf("\n");
        }
    }
```

2．编程题

（1）从键盘输入 10 个整数并存入数组，统计其中正数、负数和零的个数，输出并在屏幕上显示。

（2）从键盘输入 30 名学生的成绩并存入数组，求其中的最高分、最低分和平均分。

（3）有一个正整数数组，包含 n 个元素，请编程求出其中的素数之和及所有素数的平均值。

（4）有 n 个数已按从小到大的顺序排好，要求输入一个数，把它插入到原有序列中，而且仍然保持有序。

（5）用循环的方法构造一个 5×5 的二维数组，使主对角线上的变量为 1，其他位置上的变量为 0，并将数组中所有变量按行和列显示出来。

（6）求一个 3×3 矩阵主对角线元素之和。从键盘输入矩阵元素的值并输出主对角线元素的和。

（7）从键盘上输入一个 2×3 的矩阵，将其转置后形成 3×2 的矩阵输出。

（8）从键盘上输入一个 4×3 的整型数组，找出数组中的最小值及其在数组中的下标。

（9）有一个整型 4×5 的二维数组存有一些正整数，要求找出该二维数组中所有的素数并将其保存到一个一维数组中，同时把该一维数组由小到大排序。

实验 6 构造类型数据（二）

一、实验目的

1．掌握 C 语言中字符串的输入和输出。

2．掌握 C 语言中字符数组和字符串处理函数的使用。

3．掌握在字符串中删除和插入字符的方法。

二、预习内容

复习字符串处理函数、字符数组的使用和库函数的调用方法。

三、实验内容

1．改错题（请改正程序中/**********FOUND**********/下面一行的错误，使其能得出正确的结果。注意：不得增行或删行，也不得更改程序的结构）

（1）实现两个字符串的连接。例如，若输入 dfdfqe 和 12345，则输出 dfdfqe12345。

```
#include <stdio.h>
void main()
{
    char s1[80],s2[80];
    int i=0,j=0;
    gets(s1);
    gets(s2);
    /**********FOUND1**********/
    while(s1[i]= ='\0')
        i++;
    /**********FOUND2**********/
    while(s2[j]= ='\0')
    {
```

```
        /**********FOUND3**********/
        s2[j]=s1[i];
        i++;
        j++;
    }
    /**********FOUND4**********/
    s2[j]='\0';
    puts(s1);
}
```

（2）将字符串 s 的正序和反序进行连接，形成一个新字符串存放在数组 t 中。例如，当字符串 s 为"ABC"时，数组 t 中的内容应为"ABCCBA"。

```
#include <stdio.h>
#include <string.h>
void main()
{
    char  s[100], t[100];
    printf("\nPlease enter string S:"); scanf("%s", s);
    int  i, d;
    d = strlen(s);
    for (i = 0; i<d; i++)  t[i] = s[i];
    for (i = 0; i<d; i++)  t[d+i] = s[d-1-i];
    /************FOUND1************/
    t[2*d-1] = '\0';
    printf("\nThe result is: %s\n", t);
}
```

（3）将字符串中的小写英文字母都改为对应的大写英文字母，其他字符不变。例如，若输入"Ab, cD"，则输出"AB, CD"。

```
#include <stdio.h>
#include <string.h>
void main()
{
    char tt[81]; int i;
    printf( "\nPlease enter a string: " );
    gets( tt );
    for( i = 0; tt[i]; i++ )
    /**********FOUND1**********/
        if(( 'a' <= tt[i] )||( tt[i] <= 'z' ) )
    /**********FOUND2**********/
            tt[i] += 32;
    printf( "\nThe result string is:\n%s", fun( tt ) );
}
```

（4）先将字符串 s 中的字符按逆序存放到字符串 t 中，然后把字符串 s 中的字符按正序连接到字符串 t 的后面。

例如，当字符串 s 为"ABCDE"时，字符串 t 应为"EDCBAABCDE"。

```
#include <stdio.h>
#include <string.h>
void main()
{    char s[100], t[100];
     printf("\nPlease enter string s:"); scanf("%s", s);
/************FOUND1************/
         int   i;
         sl = strlen(s);
         for (i=0; i<sl; i++)
/************FOUND2************/
         t[i] = s[sl-i];
     for (i=0; i<sl; i++)
     t[sl+i] = s[i];
     t[2*sl] = '\0';
     printf("The result is: %s\n", t);
}
```

（5）从字符串中删除所有小写英文字母 c。

```
#include <stdio.h>
void main()
{    char s[80]; int i,j;
     printf("Enter a string:     "); gets(s);
     printf("The original string:  "); puts(s);

     for(i=j=0; s[i]!='\0'; i++)
     if(s[i]!='c')
/************FOUND1************/
     s[j]=s[i];
/************FOUND2************/
         s[i]='\0';
     printf("The string after deleted :  "); puts(s);printf("\n\n");
}
```

2．编程题

（1）从键盘输入一行字符，统计其中大写英文字符、小写英文字符和其他字符的个数。

（2）求出字符串中指定字符的个数，并返回此值。例如，若输入字符串 12341213，当输入字符为 1 时，则输出 3。

（3）将字符串中所有下标为奇数位置上的小写英文字母转换为大写英文字母（若该位置上不是英文字母，则不转换）。例如，若输入"abc4EFg"，则应输出"aBc4EFg"。

（4）比较两个字符串的长度（不得调用 C 语言提供的求字符串长度的函数），并且求较长的字符串。若两个字符串长度相同，则显示第一个字符串。例如，若输入 beijing <CR> shanghai <CR>（<CR>为回车键），则函数将返回 shanghai。

（5）实现两个字符串的连接（不使用库函数 strcat）。例如，分别输入下面两个字符串

```
FirstString--
SecondString
```

程序输出

```
FirstString--SecondString
```

（6）将数组 s 中下标为偶数的字符删除，字符串中剩余字符形成的新字符串在放在数组 t 中。例如，若数组 s 为"ABCDEFGHIJK"，则数组 t 中应为"BDFHJ"。

（7）对 10 个英文单词按照字典顺序排序。采用选择法完成该程序。

实验 7　指针

一、实验目的

1．掌握指针的概念。

2．了解指针与变量、指针与数组、指针与字符串的关系。

3．掌握指针变量的定义、初始化和使用方法。

4．正确使用数组的指针和指向数组的指针变量，正确使用字符串的指针和指向字符串的指针变量。

二、预习内容

1．指针和指针变量的概念。

2．指针变量的定义与初始化。

3．指针变量的运算："&"和"*"。

4．用指针处理数组的内容。

三、实验内容

1．改错题（请改正程序中/**********FOUND**********/下面一行的错误，使其能得出正确的结果。注意：不得增行或删行，也不得更改程序的结构）

（1）在一个一维整型数组中找出其中最大的数及其下标。

```c
#include <stdio.h>
#define N 10
void main()
{
    int a[N],i,max,pos=0;
    int *p;
    printf("please enter 10 integers:\n");
    for(i=0;i<N;i++)
        scanf("%d",&a[i]);
    /**********FOUND1**********/
    max = a;
    /**********FOUND2**********/
    for(p=a+1;p<a+n;p++)
    if(*p>max)
    {
        max=*p;
        /**********FOUND3**********/
        pos = p;
```

```
            }
        printf("max=%d,position=%d",max,pos);
    }
```

　　（2）将字符串 s 中最后一次出现的子字符串 t1 替换成子字符串 t2，所形成的新字符串放在 w 所指的数组中，在此处要求 t1 和 t2 所指字符串的长度相同。例如，当 s 所指字符串中的内容为"abcdabfabc"时，t1 中的内容为"ab"；当 t2 中的内容为"99"时，w 所指数组中的内容应为"abcdabf99c"。

```c
#include  <conio.h>
#include  <stdio.h>
#include  <string.h>
void  main()
{
    char  s[100], t1[100], t2[100], w[100];
    printf("\nPlease enter string S:"); scanf("%s", s);
    printf("\nPlease enter substring t1:"); scanf("%s", t1);
    printf("\nPlease enter substring t2:"); scanf("%s", t2);
    if ( strlen(t1)==strlen(t2) )
    {
        char  *p,*q, *r, *a;
        q=w;
        strcpy(q, s );
        /*************FOUND1*************/
        while ( q )
        {
            p = q;   r = t1;
            while ( *r )
            /**************FOUND2*************/
            if ( *r = *p )
            {   r++;
                p++;
            }
            else  break;
            /*************FOUND3*************/
            if ( *r == '/0' ) a = q;
            q++;
        }
        r = t2;
        while ( *r )
        {
            /**********FOUND4*********/
            a = *r;
            a++;
            r++;
        }
        printf("\nThe result is : %s\n", w);
```

```
        }
        else
        printf("\nError : strlen(t1) != strlen(t2)\n");
    }
```

2．编程题（通过指针来完成）

（1）通过指针变量来交换两个整型变量的值。

（2）在一个一维数组中查找是否存在某个数值（由键盘输入）。

（3）把 4×5 的二维数组的第 m 行和第 n 行互换，m、n 由键盘输入。

（4）删除一个字符串中的所有小写英文字母且不能使用额外的数组。

（5）将 5 个字符串，按英文字母顺序（由小到大）输出（用起泡法排序）。

（6）删除一个字符串中第一个非"*"字符和最后一个非"*"字符之间的星号。如字符串为"****1*4*67a**b*345****"，应变成"****1467ab345****"（注意：程序中只能用到一个字符数组）。

（7）输入 10 个整数，将其中最小的数与第一个数对换，把最大的数与最后一个数对换。

实验 8　结构体和共用体

一、实验目的

1．掌握结构体类型的概念和定义方法，以及结构体变量的定义和引用。

2．掌握结构体类型数组的概念和应用。

3．掌握指向结构体变量的指针变量的概念和应用，初步掌握链表的有关概念和应用。

4．掌握运算符"．""　"和"–>"的应用。

5．掌握共用体的概念和应用。

二、预习内容

1．结构是 C 语言中的一个构造数据类型，它可以是由不同数据类型成员构成的集合体。对结构成员的引用，通常使用结构成员操作符"．"，即"结构变量名.成员名"。当使用指向结构变量的指针引用结构成员时，可使用箭头操作符"–>"，即"指针变量名–>成员名"。在结构嵌套情况下，必须从最外层到最内层逐个列出结构成员变量名。另外，对外部型或静态型结构变量或结构数组可以进行初始化。

2．在函数调用中，结构变量和其他变量一样，也可采用传值调用和传址调用两种方法。在传值调用时，可以传递单个结构成员，也可以传递整个结构变量。在传址调用时，是将结构变量的首地址传递给形参，接收地址的形参是具有同种结构类型的结构指针。

3．函数的返回值是结构变量的函数称为结构型函数，接收返回值的变量应是具有相同结构类型的结构变量。函数的返回值是结构变量地址的函数称为结构指针型函数，接收返回值的变量应是具有相同结构类型的结构指针。

4．共用体是多个不同类型的变量共用同一段内存空间的共享体，它与结构体的主要区别是：由于共用体各成员共享一个公共存储空间，因此在任何给定的时刻，只能允许一个成员占据共用体变量的共享空间，使用时要注意存入和引用的一致性，即占用当前共享变量空间的是哪个成员，引用时只能引用该成员，否则会出现不一致的错误。

5. 结构体和共用体可以互相嵌套，用来表示更为复杂的数据结构。

6. 用 typedef 定义类型可以对已有的数据类型产生一个新的定义名，可以使程序简捷，但不是定义一种新的数据类型。

三、实验内容

1. 改错题（请改正程序中/***********FOUND*********/下面一行的错误，使其能得出正确的结果。注意：不得增行或删行，也不得更改程序的结构）

（1）输入 20 名学生数据（包括姓名、学号、年龄、5 门课程的成绩），要求输出 5 门课程的平均成绩。

```c
#include<stdio.h>

typedef struct
{   short lessons[5];
    float average;
}SCORE;
typedef struct
{   long no;
    char name[20];
    unsigned age;
    /***********FOUND1**************/
    struct SCORE a;
}STUDENT;
void main()
{
    int i;
    float sum=0;
    STUDENT s={801020,"stunmei",21,90,87,85,88,86,0.0};
    STUDENT *p;
    /***********FOUND2**************/
    p=s;
    for(i=0;i<=4;i++)
    /***********FOUND3**************/
        sum+=p.a.lessons[i];
    s.a.average=sum/5.0;
    printf("%s average=%f\n",s.name,s.a.average);
}
```

（2）输入 6 名学生数据（包括学号、姓名、性别、一门课程的成绩），要求输出不及格学生的人数。

```c
#include <stdio.h>
struct stu
{
    int num;
    char *name;
    char sex;
    float score;
```

```
/*****************FOUND1********************/
}boy[6]={101,"yuexingtian",'M',88},
        {102,"yuechaotian",'M',98},
        {103,"tianyuexing",'M',96.5},
        {104,"tianyuechao",'M',99.5},
        {105,"tianjingli",'F',59.5},
        {106,"tianjingshan",'M',58}};
void main()
{
    /*****************FOUND2********************/
    int i,c;   float ave,s;
    for(i=0;i<6;i++)
    {
        s+=boy[i].score;
        if(boy[i].score<60) c+=1;
    }
    printf("s=%f\n",s);
    ave=s/6;
    printf("average=%f\ncount=%d\n",ave,c);
}
```

2. 编程题

（1）输入学生成绩登记表中的信息（如下表所列），按成绩从低到高排序后再输出成绩表，并计算总成绩。

学号	姓名	数学成绩
1	Zhang	90
2	Li	85
3	Wang	73
4	Ma	92
5	Zhen	86
6	Zhao	100
7	Gao	87
8	Xu	82
9	Mao	78
10	Liu	95

输出格式如下。

```
3    Wang    73
9    Mao     78
8    Xu      82
2    Li      85
5    Zhen    86
7    Gao     87
1    Zhang   90
4    Ma      92
10   Liu     95
6    Zhao    100
Sum=868
```

（2）输入 10 名职工的编号、姓名、基本工资、职务工资，输出其中"基本工资+职务工资"最高的职工姓名。

（3）对学生信息进行管理，每名学生信息包括学号、姓名、5 门课成绩、平均成绩。要求定义一个包含 5 名学生的数组，从键盘输入数据，并计算每名学生的平均成绩，然后按以下格式显示所有学生的信息。

学号　姓名　成绩 1　成绩 2　成绩 3　成绩 4　成绩 5　平均成绩

实验 9　函数（一）

一、实验目的

1．掌握定义函数的方法。

2．掌握函数形参与实参的对应关系，以及"值传递"的方式。

3．掌握函数的嵌套调用和递归调用的方法。

4．掌握全局变量和局部变量及静态变量的概念和使用方法。

二、预习内容

1．函数的概念、定义格式、声明格式、调用规则及调用过程中数据传递方法。

2．函数的嵌套调用和递归调用。

3．全局变量和局部变量的定义，动态变量和静态变量的定义。

三、实验内容

1．改错题（请改正程序中/**********FOUND**********/下面一行的错误，使其能得出正确的结果。注意：不得增行或删行，也不得更改程序的结构）

（1）给定 n 个实数，输出平均值，并统计在平均值以下（含平均值）的实数个数。例如，当 n=6 时，输入 23.5、45.67、12.1、6.4、58.9、98.4，所得平均值为 40.828331，平均值以下的实数个数应为 3。

```c
#include <stdio.h>
int fun(double x[],int n)
{
    int j,c=0;
    /**********FOUND1**********/
    float j=0;
    /**********FOUND2**********/
    for(j=0;j<=n;j++)
        xa+=x[j];
    xa=xa/n;
    printf("ave=%f\n",xa);
    /**********FOUND3**********/
    for(j=0;j<=n;j++)
        if(x[j]<=xa)    c++;
        /**********FOUND4**********/
    return xa;
```

```
}
void main()
{
    double x[]={23.5,45.67,12.1,6.4,58.9,98.4};
    printf("%d\n",fun(x,6));
}
```

（2）利用递归函数调用方式，将所输入的 5 个字符以相反顺序输出。

```
#include<stdio.h>
void main()
{
    int i=5;
    void palin(int n);
    printf("\40:");
    palin(i);
    printf("\n");
}
void palin(int n)
{
    /**********FOUND1**********/
    int next;
    if(n<=1)
    {
        /**********FOUND2**********/
        next!=getchar();
        printf("\n\0:");
        putchar(next);
    }
    else
    {   next=getchar();
        /**********FOUND3**********/
        palin(n);
        putchar(next);
    }
}
```

（3）求出 $N×M$ 整型数组的最小元素及其所在的行坐标及列坐标（若最小元素不唯一，则选择位置在最前面的那一个）。例如，输入的数组为

```
9    2    3
4    15   6
12   1    9
10   11   2
```

则求出的最小数为 1，行坐标为 3，列坐标为 2。

```
#include <stdio.h>
#define N 4
#define M 3
```

```
int Row,Col;
int fun(int array[N][M])
{
    int min,i,j;
    min=array [0][0];
    Row=0;
    Col=0;
    for(i=0;i<N;i++)
    {
        /**********FOUND1**********/
        for(j=i;j<M;j++)
        /**********FOUND2**********/
        if(min <array [i][j])
        {
            min=array [i][j];
            Row=i;
            /**********FOUND3**********/
            Col=i;
        }
    }
    return(min);
}
void  main()
{
    int a[N][M],i,j,min;
    printf("input a array:");
    for(i=0;i<N;i++)
        for(j=0;j<M;j++)
            scanf("%d",&a[i][j]);
    for(i=0;i<N;i++)
    {
        for(j=0;j<M;j++)
        printf("%d",a[i][j]);
        printf("\n");
    }
    min=fun(a);
    printf("min=%d,row=%d,col=%d",min,Row,Col);
}
```

2. 编程题

（1）编写一个判断素数的函数，在主函数输入一个整数，输出判断是否为素数的信息。

（2）编写一个函数实现两个字符串的连接（不使用库函数 strcat()）。

例如，分别输入下面两个字符串

```
This is
the best program.
```

程序输出：

```
This is the best porgram.
```

（3）用自定义函数将一个 5×5 的方阵在原数组中转置。

（4）用递归法将一个整数 M 转换成字符串输出。例如，若输入 12345，则应输出字符串 "12345"。M 的位数不确定，可以是任意位数的整数。

（5）编写一个函数，利用选择法对 10 个整数由小到大进行排序。

实验 10　函数（二）

一、实验目的

1．掌握指针变量、数组名作函数参数的使用方法。

2．掌握结构体指针作函数参数的使用方法。

3．掌握链表的创建、插入、删除、打印操作的实现过程。

二、预习内容

1．复习指针变量作为函数参数，数组名作为函数参数的使用方法。

2．复习结构体指针作为函数参数的使用方法。

3．复习链表的创建、插入、删除、打印等操作的过程。

三、实验内容

1．改错题（请改正程序中/*********FOUND*********/下面一行的错误，使其能得出正确的结果。注意：不得增行或删行，也不得更改程序的结构）

（1）先将在字符串 s 中的字符按逆序存放到字符串 t 中，然后把字符串 s 中的字符按正序连接到字符串 t 的后面。

例如，当 s 中的字符串为"ABCDE"时，则 t 中的字符串应为"EDCBAABCDE"。

```
#include <stdio.h>
#include <string.h>

void fun (char *s, char *t)
{
    /*********FOUND1*********/
    int i;
    sl = strlen(s);
    for (i=0; i<sl; i++)
        /*********FOUND2*********/
        t[i] = s[sl-i];
    for (i=0; i<sl; i++)
        t[sl+i] = s[i];
    /*********FOUND3*********/
    t[2*sl] = "0";
}

void main()
```

```
{
    char s[100], t[100];
    printf("\nPlease enter string s:"); scanf("%s", s);
    fun(s, t);
    printf("The result is: %s\n", t);
}
```

（2）将 a 所指字符串中的字符和 b 所指字符串中的字符，按排列的顺序交叉合并到 c 所指数组中，过长的剩余字符接在 c 所指数组的尾部。

例如，当 a 所指字符串中的内容为"abcdefg"，b 所指字符串中的内容为"1234"时，c 所指数组中的内容应该为"a1b2c3d4efg"。而当 a 所指字符串中的内容为"1234"，b 所指字符串中的内容为"abcdefg"时，c 所指数组中的内容应该为"1a2b3c4defg"。

```
#include <stdio.h>
#include <string.h>
/**********FOUND**********/
fun( char a, char b, char c )
{
    while (*a&&*b)
    {
        *c=*a;
        c++;
        a++;
        *c=*b; c++; b++;
    }
    if(*a=='\0')
/**********FOUND1**********/
        while(*b)*c=*b; c++; b++; }
    else
/**********FOUND2**********/
        while(*a)*c=*a; c++; a++; }
    *c = '\0';
}
void main()
{
    char s1[100], s2[100], t[200];
    printf("\nEnter s1 string : ");scanf("%s",s1);
    printf("\nEnter s2 string : ");scanf("%s",s2);
    fun( s1, s2, t );
    printf("\nThe result is : %s\n", t );
}
```

（3）在一个一维整型数组中找出其中最大的数及其下标。

```
#include <stdio.h>
#define N 10
/**********FOUND**********/
```

```
float fun(int *a,int *b,int n)
{
    int *c,max=*a;
    for(c=a+1;c<a+n;c++)
        if(*c>max)
        {
            max=*c;
            /**********FOUND1**********/
            b=c-a;
        }
    return max;
}

void main()
{
    int a[N],i,max,p=0;
    printf("please enter 10 integers:\n");
    for(i=0;i<N;i++)
        /**********FOUND2**********/
        get("%d",a[i]);
    /**********FOUND3**********/
    m=fun(a,p,N);
    printf("max=%d,position=%d",max,p);
}
```

（4）将长整型数中每位上为偶数的数依次取出，组成一个新数并放在 t 中。要求：新数的高位仍在高位，低位仍在低位。例如，当 s 中的数为"87654"时，t 中的数为"864"。

```
#include <stdio.h>
void fun (long s, long *t)
{
    int d;
    long sl=1;
    *t = 0;
    while ( s > 0)
    {
        d = s%10;
        /**********FOUND1**********/
        if(d%2=0)
        {
            /**********FOUND2**********/
            *t=d*sl+t;
            sl*=10;
        }
        /**********FOUND3**********/
        s\=10;
    }
}

void main()
```

```
{
    long s, t;
    printf("\nPlease enter s:");
    scanf("%ld", &s);
    fun(s, &t);
    printf("The result is: %ld\n", t);
}
```

2．编程题

程序 1：已知 4 名学生的学号、姓名及 5 门课成绩。分别编写 3 个函数实现以下要求。

（1）求第 3 门课的平均成绩。

（2）找出有 3 门以上课程不及格的学生，输出他们的学号和全部课程成绩及平均成绩。

（3）找出平均成绩在 90 分以上或全部课程成绩在 85 分以上的学生。

程序 2：编写一个程序使用动态链表实现以下功能。

（1）建立一个链表用于存储学生的学号、姓名和 3 门课程的成绩和平均成绩。

（2）输入学号后输出该学生的学号、姓名和 3 门课程的成绩。

（3）输入学号后删除该学生的数据。

（4）插入学生的数据。

（5）输出平均成绩在 80 分及以上的记录。

（6）输出所有学生的记录。

（7）退出。

（8）要求用循环语句实现 B-G 的多次操作。

实验 11　文件的使用

一、实验目的

1．掌握文件、缓冲文件系统和文件指针的概念。

2．学会使用文件的打开、关闭、读写等文件操作函数。

3．学会用缓冲文件系统对文件进行简单的操作。

二、预习内容

1．文件的基本概念："文件"是记录在外部介质上的数据的集合。

2．文件指针：在 C 语言中，对文件的操作是通过一个由 C 编译程序在 stdio.h 头文件中定义的名为 FILE 的结构类型实现的，该结构包含进行文件操作所需的基本信息。当一个文件被打开时，编译程序在内存中自动建立该文件的 FILE 结构，并返回一个指向该文件起始地址的指针，其后对文件的操作就是通过这个指向 FILE 结构的指针变量进行的。

3．文件的打开和关闭函数：fopen 和 fclose 函数。

4．文件的读写函数：fgetc、fputc、fgets、fputsfscanf、fprintf、fread、fwrite 等。

三、实验内容

1．改错题（请改正程序中/**********FOUND**********/下面一行的错误，使其能得出正确的结果。注意：不得增行或删行，也不得更改程序的结构）

从键盘输入一行字符，写到文件 a.txt 中。

```
#include<stdio.h>
#include<stdlib.h>
void main()
{    char ch;
    /*****************FOUND1*******************/
    FILE fp;
    /*****************FOUND2*******************/
    if((fp=fopen("a.txt","w"))!=NULL)
    {    printf("can't open file!");
        exit(0);
    }
    while((ch=getchar())!='\n')
    /*****************FOUND3*******************/
        fputc(ch);
    fclose(fp);
}
```

2. 编程题

（1）从磁盘文件 file1.dat 中读入一行字符，将其中所有小写英文字母改为大写英文字母，然后输出到磁盘文件 file2.dat 中。

（2）将 10 名职工的数据从键盘输入，然后送入磁盘文件 emp.dat 中保存。设职工的数据包括：工号、姓名、性别、年龄、工资，再从磁盘调入这些数据，依次打印出来（用 fread 和 fwrite 函数）。

（3）用 scanf 函数从键盘输入 5 名学生数据（包括：姓名、学号、3 门课程的成绩），然后求出每名学生的平均成绩。用 fprintf 函数输出所有信息到磁盘文件 stud.dat 中，再用 fscanf 函数从 stud.dat 中读入这些数据并在屏幕上显示出来。

（4）有两个磁盘文件 A.dat 和 B.dat，各存放一行成绩字母，要求将这两个文件中的信息合并（按成绩字母顺序排列），并输出到一个新文件 C.dat 中。

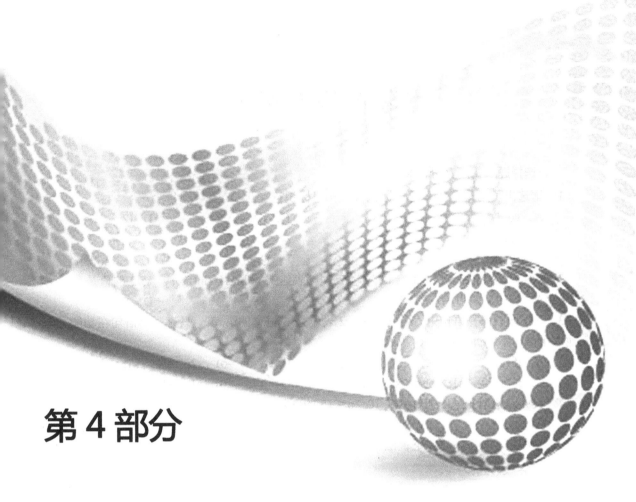

第 4 部分

综合练习题篇

综合练习题 1

一、选择题（每题 2 分，共 30 分）

1．请选出可用作 C 语言用户标识符的一组标识符（　　）。
  A．void   B．a3_b3   C．For   D．2a
    define   _123   -abc   DO
    WORD   IF   Case   sizeof

2．若有定义"int m=5; float x=3.9, y=4.7;"，则表达式 x+m%4*(int)(x+y)%5/2 的值是（　　）。
  A．4.9   B．5.4   C．5.9   D．5

3．在下面的条件语句中（其中 s1 和 s2 表示是 C 语言的语句），只有一个语句在功能上与其他 3 个语句不等价，它是（　　）。
  A．if (a) s1; else s2;   B．if (a= =0) s2; else s1;
  C．if (a!=0) s1; else s2;   D．if (a= =0) s1; else s2;

4．设 a 为整型变量，则表达式 10＜a＜15 的值是（　　）。
  A．0   B．1   C．语法错误   D．根据 a 的值确定

5．设程序段如下，则以下说法中正确的是（　　）。

```
int k=-20;
while(k=0) k=k+1;
```

  A．while 循环执行 20 次   B．循环是无限循环
  C．循环体语句一次也不执行   D．循环体语句执行一次

6．若有以下数组说明，则 i=10;a[a[i]]元素值是（　　）。

```
int a[12]={1,4,7,10,2,5,8,11,3,6,9,12};
```

  A．10   B．9   C．6   D．5

7．以下不能对二维数组 a 进行正确初始化的语句是（　　）。
  A．int a[2][3]={0};   B．int a[][3]={{1,2},{0}};
  C．int a[2][3]={{1,2},{3,4}, {5,6}};   D．int a[][3]={1,2,3,4,5,6};

8．以下不能正确赋值的是（　　）。
  A．char s1[10];s1="test";   B．char s2[]={'t','e','s','t'};
  C．char s3[20]= "test";   D．char s4[4]={ 't','e','s','t'};

9．若有以下定义和语句，且 0≤i<10，则对数组元素引用的错误是（　　）。

```
int a[10]={1,2,3,4,5,6,7,8,9,10},*p,i;
p=a;
```

  A．*(a+i)   B．a[p-a]   C．p+i   D．*(&a[i])

10. 设有说明 "int (*ptr)[M];"，其中 ptr 是（　　）。

    A. M 个指向整型变量的指针

    B. 指向 M 个整型变量的函数指针

    C. 一个指向具有 M 个整型元素的一维数组的指针

    D. 具有 M 个指针元素的一维指针数组，每个元素都只能指向整型量

11. 当调用函数时，若实参是一个数组名，则向函数传送的是（　　）。

    A. 数组的长度　　　　　　　　　　B. 数组的首地址

    C. 数组每个元素的地址　　　　　　D. 数组每个元素中的值

12. 下列函数的功能是（　　）。

```
int fun1(char * x)
{   char *y=x;
    While(*y++);
    Return(y-x-1);}
```

    A. 求字符串的长度　　　　　　　　B. 比较两个字符串的大小

    C. 将字符串 x 复制到字符串 y　　　D. 将字符串 x 连接到字符串 y 后面

13. 已知学生记录描述为

```
struct student
{
    int no;
    char name[20];
    char sex;
    struct{int year; int month; int day; }birth;
} s;
```

设变量 s 中的"生日"应是"1984 年 11 月 11 日"，下列对"生日"的正确赋值方式是（　　）。

    A. year=1984;month=11;day=11;

    B. birth.year=1984;birth.month=11;birth.day=11;

    C. s.year=1984;s.month=11;s.day=11;

    D. s.birth.year=1984;s.birth.month=11;s.birth.day=11;

14. 在 VC++ 6.0 中，将一个 int 型整数 10002 存到磁盘上，分别以文本文件形式存储和以二进制文件存储，占用的字节数分别是（　　）。

    A. 4 和 4　　　　　B. 4 和 5　　　　　C. 5 和 4　　　　　D. 5 和 5

15. 执行如下程序段的结果是（　　）。

```
char ch[3][5]={ "AAAA","BBB","CC"};
printf("%s",ch[1]);
```

    A. AAAA　　　　　B. BBB　　　　　C. A　　　　　D. B

二、读程序写结果（1~4 题每题 2 分，5~8 题每题 3 分，共 20 分）

1. 当从键盘输入英文字母 A 时，运行结果为_____。

```
#include<stdio.h>
void main()
```

```
    {
        char ch;
        ch=getchar();
        switch(ch)
        {
            case 'A' : printf("%c",'A');
            case 'B' : printf("%c",'B'); break;
            default:  printf("%s\n","other");
        }
    }
```

2. 以下程序的输出结果是_____。

```
#include <stdio.h>
void main()
{   int k=2;
    while(k<7)
    {
        if(k%2)
        {   k=k+3;
            printf("k=%d,",k);
            continue;
        }
        k=k+1;
        printf("k=%d,",k);
    }
}
```

3. 以下程序的输出结果是_____。

```
#include <stdio.h>
void main()
{
    int a[6]={12,4,17,25,27,16},b[6]={27,13,4,25,23,16},i,j;
    for(i=0;i<6;i++)
    {   for(j=0;j<6;j++) if(a[i]==b[j])break;
        if(j<6) printf("%d,",a[i]);
    }
    printf("\n");
}
```

4. 以下程序的输出结果是_____。

```
#include <stdio.h>
void main()
{   int a=5,b=8,*p=&a,*q=&b;
    *p=*q;
    printf("%d,%d,%d,%d\n",a,b,*p,*q);
    (*q)++;
    p=q;
```

```
    printf("%d,%d,%d,%d\n",a,b,*p,*q);
}
```

5. 以下程序的输出结果是_____。

```
#include"stdio.h"
void fun(int k)
{   if(k>0) fun(k-1);
    printf(" %d,",k);
}
void main()
{   int w=3;
    fun(w);
    printf("\n");
}
```

6. 以下程序的输出结果是_____。

```
#include"stdio.h"
void main()
{   int j,k;
    int x[3][3],y[3][3]={0};
    for(j=0;j<3;j++)
        for(k=0;k<3;k++)
            x[j][k]=j+k;
    for(j=0;j<3;j++)
        for(k=j;k<3;k++)
            y[k][j]=x[j][k];
    for(j=0;j<3;j++)
        for(k=0;k<3;k++)
            printf("%d,",y[j][k]);
}
```

7. 以下程序的输出结果是_____。

```
#include"stdio.h"
char cchar(char ch)
{   if (ch>='A'&&ch<='Z')
    ch=ch-'A'+'a';
    return ch;
}
void main()
{   char s[]="ABC+abc=defDEF",*p=s;
    while(*p)
    {   *p=cchar(*p);
        p++;
    }
    printf("%s\n",s);
}
```

8. 以下程序的输出结果是_____。

```c
#include"stdio.h"
void add();
void main()
{   int i;
        for(i=0;i<2;i++)
            add();
}
void  add()
{   int x=0;
        static int y=0;
        x++;
    y=y+3;
        printf("%d,%d\n",x,y);
}
```

三、程序填空（每空 2 分，共 20 分）

1. 从键盘上输入若干学生的成绩，统计并输出最高成绩和最低成绩，当输入负数时，结束输入。请把程序补充完整。

```c
#include <stdio.h>
int main()
{  float x,amax,amin;
    scanf("%f",&x);
    amax=x;
    amin=x;
    while(    【1】    )
    { if (x>amax)amax=x;
      if (    【2】    )amin=x;
      scanf("%f",&x);
    }
    printf("\namax=%f\namin=%f\n",amax,amin);
    return 0;
}
```

2. 输出数组中的最大值，由指针 s 指向该元素。请把程序补充完整。

```c
#include <stdio.h>
void main()
{   int a[10]={6,7,2,9,1,10,5,8,4,3},*p,*s;
    for(p=a,s=a;    【3】    ;p++)
       if(    【4】    )s=p;
    printf("The max: %d",*s);
}
```

3. 将 s 所指字符串的正序和反序进行连接，形成一个新字符串放在 t 所指的数组中。例如，当字符串 s 为"ABCD"时，则字符串 t 的内容应为"ABCDDCBA"。请把程序补充完整。

```c
#include<stdio.h>
#include<string.h>
```

```
void fun(char *s, char *t)
{
    int i,d;
    d=strlen(s);
    for(i=0;i<d;i++)
        t[i]=s[i];
    for(i=0;i<d;i++)
        t[____【5】____]=s[d-1-i];
        ____【6】____;
}
main()
{   char s[100],t[100];
    printf("\nPlease enter string S:");
    scanf("%s",s);
        ____【7】____;
    printf("\nThe result is: %s\n",t);
}
```

4. 计算并输出 high 以内最大的 10 个素数之和，high 由主函数传给 fun 函数，若 high 的值为 100，则函数的值为 732。请把程序补充完整。

```
#include<stdio.h>
int fun(int high)
{   int sum=0,n=0,j,yes;
    while((high>=2)&&(____【8】____))
    {   yes=1;
        for(j=2;j<=high/2;j++)
            if(____【9】____)
            {   yes=0;
                break;
            }
        if(yes)
        {   sum+=high;
            n++;
        }
        high--;
    }
        ____【10】____;
}
void main()
{
    printf("%d\n", fun (100));
}
```

四、编程题（共 30 分）

1.（8 分）计算下列公式的值并输出，x 的值由键盘输入。

$$f(x)=1+x+\frac{x^2}{2!}+\cdots+\frac{x^n}{n!}, \quad (当 \left|\frac{x^n}{n!}\right|<10^{-6} 时，停止运算)$$

2．（8分）从键盘输入一个只包含数字字符且最多为 10 个字符的字符串，并且存入字符数组，请编程实现把该字符数组中的数字字符转换成相应的整数，并把该整数乘以 2 的值显示出来。如输入 368 存入字符数组，把该数组转换成一个整数 368，最后显示 736。

3．（14分）

（1）编写一个函数，功能是把一维整型数组由小到大排序。

（2）编写一个函数，功能是判断一个整数是否为"完数"（一个数如果恰好等于它的因子之和，那这个数就称为"完数"）。例如，6 的因子为 1、2、3，而 6＝1+2+3，因此 6 是"完数"。

（3）编写 main 函数，在 main 函数中任意输入 20 个整数，通过调用（1）中的函数把这 20 个数由小到大排序并输出，然后通过调用（2）中的函数找出这个数组中所有的"完数"并输出。

综合练习题 2

一、选择题（每题 2 分，共 20 分）

1．C 语言程序的基本单位是（　　）。

    A．程序行   B．语句   C．函数   D．字符

2．假设在程序中 a、b、c 均被定义成整型，并且已赋大于 1 的值，则下列能正确表示代数 $\dfrac{1}{a*b*c}$ 的表达式是（　　）。

    A．1/a*b*c   B．1/(a*b*c)   C．1/a/b/(float)c   D．1.0/a/b/c

3．设 int a=12，则执行完语句 a+=a-=a*a 后，a 的值是（　　）。

    A．552   B．264   C．144   D．-264

4．不能把字符串"Hello!"赋给数组 b 的语句是（　　）。

    A．char b[10]={ 'H','e','l','l','o','!'};

    B．char b[10];b="Hello!";

    C．char b[10];strcpy(b,"Hello!");

    D．char b[10]="Hello!";

5．表示关系 X<=Y<=Z 的 C 语言表达式为（　　）。

    A．(X<=Y)&&(Y<=Z)   B．(X<=Y)AND(Y<=Z)

    C．(X<=Y<=Z)   D．(X<=Y)&(Y<=Z)

6．设有以下枚举类型定义，则枚举量 FORTRAN 的值为（　　）。

```
enum language { Basic=3,Assembly,Ada=100,COBOL,FORTRAN};
```

    A．4   B．7   C．102   D．103

7．以下叙述中不正确的是（　　）。

    A．在不同的函数中可以使用相同名字的变量

    B．函数中的形式参数是局部变量

    C．在一个函数内定义的变量只在本函数范围内有效

    D．在一个函数内的复合语句中定义的变量在本函数范围内有效

8．设 x、y 均为正整型变量，且 x=10，y=3，则以下语句的输出结果是（　　）。

```
printf("%d,%d\n",x--,--y);
```

    A．10,3   B．9,3   C．9,2   D．10,2

9．设 P1 和 P2 是指向同一个 int 型一维数组的指针变量，k 为 int 型变量，则不能正确执行的语句是（　　）。

    A．k=*P1+*P2;   B．P2=k;   C．P1=P2;   D．K=*P1 * (*P2);

10. 若有以下说明，则数值为 6 的表达式是（   ）。

```
int a[10]={1,2,3,4,5,6,7,8,9,10},*p=a;
```

A. *p+6   B. *(p+6)   C. *p+=5   D. p+5

二、读程序写结果（每题 2 分，共 20 分）

1. 以下程序的输出结果是_____。

```
#include<stdio.h>
int main()
{   int i=1,j=1,k=2;
    if( (j++||k++) && i++ )
    printf("%d,%d,%d\n",i,j,k);
    return 0;
}
```

2. 以下程序的输出结果是_____。

```
#include<stdio.h>
int main()
{   int a=0,b=0;
    while(a<15)a++;
    while(b++<15);
    printf("%d,%d\n",a,b);
    return 0;
}
```

3. 以下程序的输出结果是_____。

```
#include<stdio.h>
int main()
{   int i;
    int a[3][3]={1,2,3,4,5,6,7,8,9};
    for(i=0;i<3;i++)
        printf(" %d ",a[2-i][i]);
    printf("\n");
    return 0;
}
```

4. 以下程序的输出结果是_____。

```
#include<stdio.h>
#include<string.h>
int main()
{   char a[ ]={'a','b','c','d','e','f','g','h','\0'};
    int i,j;
    i=sizeof(a);
    j=strlen(a);
    printf("%d,%d\n",i,j);
    return 0;
}
```

5. 以下程序的输出结果是_____。

```c
#include<stdio.h>
int fun(int x)
{   printf("x=%d\n",x++);
    return (x);
}
int main()
{   fun(12+5);
    return 0;
}
```

6. 以下程序的输出结果是_____。

```c
#include<stdio.h>
int main()
{   int fun1(),fun2(),fun3();
    fun3(fun1(),fun2());
    return 0;
}
int fun1()
{   int k=20;
    return k;
}
int fun2()
{   int a=15;
    return a;
}
int fun3(int a,int b)
{   int k;
    k=(a-b)*(a+b);
    printf("%d\n",k);
    return 0;
}
```

7. 以下程序的输出结果是_____。

```c
#include<stdio.h>
void fun(int *a, int *b)
{   int *t;
    t=a;
    a=b;
    b=t;
}
int main()
{   int a=3,b=6,*x=&a,*y=&b;
    fun(x,y);
    printf("%d %d\n", a, b);
    return 0;
}
```

8. 以下程序的输出结果是_____。

```c
#include<stdio.h>
int main()
{   int a[5][6]={23,-3,65,21,6,78,28,5,67,25,45,76,8,22,45,0,8,
                -34, 6,78,32,4,5,67,4,-21,1};
    int i=4,j=5;
    printf("%d\n",*(&a[0][0]+2*i+j-2));
    return 0;
}
```

9. 以下程序的输出结果是_____。

```c
#include<stdio.h>
int main()
{   int a,*p,*q,**w;
    p=&a;
    q=&a;
    w=&p;
    *p=5%6;
    *q=5;
    **w=3;
    printf("%d\n",a);
    return 0;
}
```

10. 以下程序的输出结果是_____。

```c
#include<stdio.h>
struct abc
{   int a, b, c, s;
};
int main()
{   struct abc s[2]={{1,2,3},{4,5,6}};
    int t;
    t=s[0].a+s[1].b;
    printf("%d\n",t);
    return 0;
}
```

三、程序填空（每空 2 分，共 20 分）

1. 以下程序的功能是求数组 arr 的主对角线上元素之和 sum1，以及次对角线元素之和 sum2。请把程序补充完整。

```c
#include<stdio.h>
int main()
{   int arr[4][4]={2,3,4,5,8,3,2,7,9,8,7,6,4,5,6,9};
    int i,j,sum1=0,sum2=0;
    for(i=0;i<4;i++)
        for(j=0;j<4;j++)
```

```
            if(     【1】    )
                sum1+=arr[i][j];
    for(i=0;i<4;i++)
        for(j=0;j<4;j++)
            if(     【2】    )
                sum2+=arr[i][j];
    printf(" %d, %d \n",sum1,sum2);
    return 0;
}
```

2. 以下程序的功能是从键盘输入一个字符串然后逆向输出该字符串。请把程序补充完整。

```
#include <stdio.h>
#include <malloc.h>
struct node
{   char data;
    struct node *link;
} *head;
int main()
{   char ch;
    struct node *p;
    head=NULL;
    while((ch=getchar())!='\n')
    {   p=(struct node *)malloc(sizeof(struct node));
            【3】
        p->link=head;
        head=p;
    }
        【4】
    while(p!=NULL)
    {   printf("%c",p->data);
        p=p->link;
    }
    return 0;
}
```

3. 以下程序的功能是求 a 数组中的所有素数之和，用函数 isprime 来判断自变量是否为素数。请把程序补充完整。

```
#include <stdio.h>
int main()
{   int isprime(int x);
    int i,a[10],*p=a,sum=0;
    printf("Enter 10 num:\n");
    for(i=0;i<10;i++)
    scanf("%d",&a[i]);
    for(i=0;i<10;i++)
    if(isprime(*(p+    【5】    ))==1)
    {
```

```
        printf(" %d ",*(a+i));
        sum+=*(a+i);
    }
    printf("\nThe sum=%d\n",sum);
    return 0;
}
int isprime(int x)
{   int i;
    for(i=2;i<=x/2;i++)
        if(x%i==0) return (0);
        __【6】__;
}
```

4. 以下程序的功能是求出 ss 所指字符串中指定字符的个数，并返回此值。例如，若输入字符串"123412132"，当输入字符'1'时，则输出 3。请把程序补充完整。

```
#include <stdio.h>
#define M 81
int fun(char *ss, char c)
{   int i=0;
    for(; *ss!= '\0';ss++)
    if(   __【7】__   ) i++;
    return i;
}
int main()
{   char a[M], ch;
    printf("\nPlease enter a string: "); gets(a);
    printf("\nPlease enter a char: "); ch=getchar();
    printf("\nThe number of the char is: %d\n", __【8】__   );
    return 0;
}
```

5. 以下程序的功能是用来对从键盘上输入的两个字符串进行比较，然后输出两个字符串中第一个不相同字符的 ASCII 码之差。例如，若输入的两个字符串分别为"abcdef"和"abceef"，则输出为–1。请把程序补充完整。

```
#include <stdio.h>
int main()
{   char str1[100],str2[100];
    int i,s;
    printf("\n input string 1:\n");
    gets(str1);
    printf("\n input string 2:\n");
    gets(str2);
    i=0;
    while(   __【9】__   && str1[i]!='\0' )
            i++;
    s=   __【10】__   ;
    printf("%d\n",s);
}
```

四、编程题（每题 10 分，共 40 分）

1. 一辆卡车违反交通规则，撞人后逃跑，现场有 3 位目击证人，但都没有记住车牌号，只记下车牌号的一些特征。甲说："车牌号的前两位数字是相同的。"乙说："车牌号的后两位数字是相同的，但与前两位不同。"丙是数学家，他说："4 位的车牌号刚好是一个整数的平方。"请根据以上线索编程求出车牌号。

2. 编写一个函数，把两个从小到大排序的一维数组合并为一个从小到大排序的一维数组。函数原型为 void merge (int x[ ], int m, int y[ ], int n, int z[ ])，即把长度为 m 的数组 x 和长度为 n 的数组 y 合并为长度为 m+n 的数组 z。再编写主函数，把一个长度为 10 的数组和一个长度为 8 的数组合并为一个长度为 18 的数组。

3. 已知一篇英文文章存储在一个文本文件中，编程统计文章中英文单词的个数。

4. 分数数列 $\dfrac{a_1}{b_1}, \dfrac{a_2}{b_2}, \cdots, \dfrac{a_n}{b_n}$，其中 a_n、b_n（$i=1,2,\cdots,10$）为整型数据，编程实现分数数列的降序排序。例如，运行时输入 10 个真分数：1/20, 3/4, 6/7, 2/3, $\cdots$，排序完成后输出 6/7, 3/4, 2/3, 1/20, $\cdots$。

综合练习题 3

一、选择题（每题 2 分，共 30 分）

1. 设 *x*、*y* 均为整型变量，且 *x*=10，*y*=3，则以下语句的输出结果是（　　）。

```
printf("%d, %d\n", x--,--y);
```

    A．10,3　　　　　　B．9,3　　　　　　C．9,2　　　　　　D．10,2

2. 有关 break 语句，正确的说法是（　　）。
    A．无论在任何情况下，都中断程序的执行，退出到系统下一层
    B．在多重循环中，只能退出最靠近的那一层循环语句
    C．跳出多重循环
    D．只能修改控制变量

3. 设 a、b、c、d、m、n 均为 int 型变量，且 a=5，b=6，c=7，d=8，m=2，n=2，则逻辑表达式(m=a>b)&&(n=c>d)运算后，n 的值为（　　）。
    A．0　　　　　　　B．1　　　　　　　C．2　　　　　　　D．3

4. 关于 C 语言，以下说法正确的是（　　）。
    A．C 语言程序总是从第一个函数开始执行
    B．在 C 语言程序中，要调用函数必须在 main()函数中定义
    C．C 语言程序总是从 main()函数开始执行
    D．C 语言程序中的 main()函数必须放在程序的开始部分

5. 有以下说明和语句，则（　　）是对 c 数组元素的正确引用。

```
int c[4][5], (*cp)[5];
cp=c;
```

    A．cp+1　　　　　B．*(cp+3)　　　　C．*(cp+1)+3　　　D．*(*cp+2)

6. 设有说明"int (*ptr)[M];"，其中 ptr 是（　　）。
    A．M 个指向整型变量的指针
    B．指向 M 个整型变量的函数指针
    C．一个指向具有 M 个整型元素的一维数组的指针
    D．具有 M 个指针元素的一维指针数组，每个元素都只能指向整型量

7. 下列字符数组长度为 5 的是（　　）。
    A．char a[]={'h', 'a', 'b', 'c', 'd'};
    B．char b[]={'h', 'a', 'b', 'c', 'd', '\0'};
    C．char c[10]={'h', 'a', 'b', 'c', 'd'};
    D．char d[6]={'h', 'a', 'b', 'c', '\0'}

8. 在说明一个结构体变量时，系统分配给它的内存是（　　）。

    A. 各成员所需要内存量的总和

    B. 结构体中第一个成员所需内存量

    C. 成员中占内存量最大者所需的容量

    D. 结构中最后一个成员所需内存量

9. C 语言规定，函数返回值的类型由（　　）。

    A. return 语句中的表达式类型所决定

    B. 调用该函数时的主调函数类型所决定

    C. 调用该函数时系统临时决定

    D. 在定义该函数时所指定的函数类型决定

10. 若有如下程序段，则以下语句语法正确的是（　　）。

```
union data { int i; char c; float f;} a;
int n;
```

    A. a=5;　　　　　　　　B. a={2, 'a',1.2};　　　　C. printf("%d",a);　　　　D. n=a;

11. 不正确的指针概念是（　　）。

    A. 一个指针变量只能指向同一类型的变量

    B. 一个变量的地址称为该变量的指针

    C. 只有同一类型变量的地址才能存放在指向该类型变量的指针变量之中

    D. 指针变量可以赋任意整数，但不能赋浮点数

12. 当调用函数时，实参是一个数组名，则向函数传送的是（　　）。

    A. 数组的长度　　　　　　　　　　　　B. 数组的首地址

    C. 数组每个元素的地址　　　　　　　　D. 数组每个元素中的值

13. 以下有关变量存储类别的关键字中，不能在定义变量的时候使用的是（　　）。

    A. extern　　　　　　　B. register　　　　　　　C. auto　　　　　　　D. static

14. 在 C 语言中，能识别处理的文件为（　　）。

    A. 文本文件和数据块文件　　　　　　　B. 文本文件和二进制文件

    C. 流文件和文本文件　　　　　　　　　D. 数据文件和二进制文件

15. 若要用 fopen 函数打开一个新的二进制文件，该文件既能读又能写，则文件打开方式字符串应是（　　）。

    A. "ab+"　　　　　　　B. "wb+"　　　　　　　C. "rb+"　　　　　　　D. "ab"

二、读程序写结果（1～4 题每题 2 分，5～8 题每题 3 分，共 20 分）

1. 以下程序的输出结果是＿＿＿＿。

```
#include<stdio.h>
int t(int c,int d)
{  c=c+d;
   d=c-d;
   c=c-d;
   return 0;
}
void main()
```

```
{   int c=20,d=10;
    t(c,d);
    printf("c=%d,d=%d\n",c,d);
}
```

2. 以下程序的输出结果是_____。

```
#include<stdio.h>
int main()
{   int sum=3;
    int i;
    for(i=1;sum<=30;i++)
        sum=sum+sum;
    printf("%d,%d\n",i,sum);
    return 0;
}
```

3. 以下程序的输出结果是_____。

```
#include <stdio.h>
double fun(int a,int b,int c)
{   double s;
    s=a/b*c;
    return s;
}
int main()
{   int a=18,b=4,c=6;
    double d;
    d=fun(a,b,c);
    printf("%4.1lf\n",d);
}
```

4. 以下程序的输出结果是_____。

```
#include <stdio.h>
void main()
{   int a[3][3]={{1,2},{3,4},{5,6}},i,j,s=0;
    for(i=1;i<3;i++)
        for(j=0;j<=i;j++)
            s+=a[i][j];
    printf("%d\n",s);
}
```

5. 以下程序的输出结果是_____。

```
#include <stdio.h>
int d=2;
fun (int q)
{   int d=5;
    d+=q++;
    printf("%d,",d);
```

```
}
main()
{    int a=8;
     fun(a);
     d+=a++;
     printf("%d\n",d);
}
```

6. 以下程序的输出结果是_____。

```
#include<stdio.h>
int func(int a,int b)
{    static int m=2,i=2;
     i+=m+1;
     m=i+a+b;
     return m;
}
void main()
{    int k=3,m=2,p;
     p=func(k,m);
     printf("%d,",p);
     p=func(k,m);
     printf("%d\n",p);
}
```

7. 以下程序的输出结果是_____。

```
#include<stdio.h>
struct st
{    int x;
     int *y;
}*p;
int dt[4]={100,200,300,400};
struct st aa[4]={50,&dt[0],60,&dt[1],70,&dt[2],80,&dt[3]};
int main()
{    p=aa;
     printf("%d,",(++p)->x);
     printf("%d,", ++p->x);
     printf("%d\n",++(*p->y));
}
```

8. 以下程序的输出结果是_____。

```
#include <stdio.h>
#include <malloc.h>
struct NODE
{    int num;
     struct NODE *next;
};
void main()
```

```
{ struct NODE *p,*q,*r;
  p=(struct NODE*)malloc(sizeof(struct NODE));
  q=(struct NODE*)malloc(sizeof(struct NODE));
  r=(struct NODE*)malloc(sizeof(struct NODE));
  p->num=31; q->num=32; r->num=33;
  p->next=q;q->next=r;
  printf("%d\n",p->num+q->next->num);
}
```

三、程序填空（每空 2 分，共 20 分）

1. 以下程序的功能是打印出杨辉三角形的前 n 行（本题 n 的值是 10），请把程序补充完整。（注意：当改变 n 的值时，可以正确输出所要求的行数）

```
#include<stdio.h>
#define N 10
int main()
{   int i,j,a[N][N];
    for(i=0;i<N;i++)
    {
        a[i][i]=1;
        ___【1】___ ;
    }
    for(i=2;___【2】___;i++)
        for(j=1;j<i;j++)
            a[i][j]=a[i-1][j-1]+a[i-1][j];
    for(i=0;i<N;i++)
    {
        for(j=0;___【3】___;j++)
        printf("%5d",a[i][j]);
        printf("\n");
    }
    printf("\n");
    return 0;
}
```

2. 以下程序的功能是对输入的 10 个无空格的字符串按照 ASCII 码的顺序排序，请把程序补充完整。

```
#include<stdio.h>
#include<string.h>
#define N 10
void main()
{   char str[N][20];
    ___【4】___ ;
    int i,j,k;
    for(i=0;i<N;i++)
        scanf(___【5】___);
    for(j=0;j<N-1;j++)
    {
```

```
                  k=j;
                  for(i=j+1;i<N;i++)
                      if(strcmp(str[i],str[k])<0)  【6】    ;
                  if(k!=j)
                  {   strcpy(s,str[j]);
                      strcpy(str[j],str[k]);
                      strcpy(str[k],s);
                  }
              }
              printf("\n");
              for(i=0;i<N;i++)
                  puts(   【7】   );
              printf("\n");
          }
```

3. 以下程序的功能是编写一个函数，实现两个字符串的比较。即自己写一个 strcmp 函数：compare(s1,s2)。若 s1=s2，则返回值为 0；若 s1≠s2，则返回它们二者中的第一个不同字符的 ASCII 码差值（如"BOY"与"BAD"，第二个英文字母不同，"O"与"A"之差为 79–65=14）；若 s1>s2，则输出正值；若 s1<s2，则输出负值。请把程序补充完整。

```
          #include<stdio.h>
          int compare(char *s1,char *s2)
          {
              while(*s1==*s2&&    【8】    )
              {   s1++;
                  s2++;
              }
                  【9】   ;
          }
          void main()
          {   int m;
              char str1[20],str2[20];
              gets(str1);
              gets(str2);
              m=compare(    【10】    );
              printf("the result is:%d\n",m);
          }
```

四、编程题（每题 10 分，共 30 分）

1. 已知一个四位整数 x，将它的各位上的数字逆序排列成四位数 y（即 x 的个位、十位、百位、千位分别是 y 的千位、百位、十位、个位）。已知 y 是 x 的 9 倍，求 x 的值。

2. 从键盘输入一个字符串，把这个字符串中的 ASCII 码值是素数的字符删除，形成一个新的字符串并输出。要求编写一个函数判断一个数是否为素数；编写一个函数完成字符串的变换。要求：主函数输入，调用处理函数，然后输出。

3. 从键盘输入一个 6×5 的二维数组，求这个数组中每行的最大值和每列的平均值，分别存放在不同的一维数组中，然后输出。

综合练习题 4

一、选择题（每题 2 分，共 20 分）

1. 下列数据中，为字符串常量的是（   ）。

    A．'A'　　　　　　B．How do you do.　　　　C．"A"　　　　D．$abc

2. 以下运算符中，优先级最高的运算符是（   ）。

    A．||　　　　　　B．%　　　　　　　　C．!　　　　D．==

3. 执行以下程序段后，输出结果和 a 的值分别是（   ）。

```
int a=10;
printf("%d",++a);
```

    A．10 和 10　　B．10 和 11　　C．11 和 10　　D．11 和 11

4. 有定义语句"int x,y;"，若要通过语句"scanf("%d%d",&x,&y);"，使变量 x 得到数值 11，变量 y 得到数值 12，则以下 4 组输入形式中正确的是（   ）。

    A．11 12<回车>　　　　　　　　　B．11,<空格>12<回车>
    C．11,12<回车>　　　　　　　　　D．11,<回车> 12<回车>

5. 下列定义数组的语句中正确的是（   ）。

    A．int x[0..10];　　　　　　　　B．int x[ ];
    C．#define N   10　　　　　　　D．int   N＝10;
    　　int   x[N];　　　　　　　　　　　int   x[N];

6. 若已定义 x 为 int 类型变量，则下列语句中说明指针变量 p 的正确语句是（   ）。

    A．int p=&x;　　　B．int *p=x;　　　C．*p=*x;　　　D．int *p=&x;

7. 以下不是无限循环的语句为（   ）。

    A．for(y=0,x=1;x>++y;x=i++) i=x;　　　B．for(;;x++=i);
    C．while（1）{x++;}　　　　　　　　　D．for(i=10;;i—) sum+=i;

8. 若有以下函数，则函数的功能是（   ）。

```
int  fun(char  *x,char  *y)
{   int  n=0;
     while ( (*x==*y) && *x! ='\0' ) {x++;  y++;  n++;}
     return  n ;
}
```

    A．将 y 所指字符串赋给 x 所指存储空间
    B．查找 x 和 y 所指字符串中是否有'\0'
    C．统计 x 和 y 所指字符串中最前面连续相同的字符个数
    D．统计 x 和 y 所指字符串中相同的字符个数

9．C 语言中，定义结构体的保留字是（　　）。

    A．union   B．struct   C．enum   D．typedef

10．当应用缓冲文件系统对文件进行读写操作时，关闭文件的函数名为（　　）。

    A．open   B．fopen   C．close   D．fclose

二、读程序写结果（每题 3 分，共 24 分）

1．以下程序段运行后 x 的值是_____。

```
k1=1;
k2=0;
k3=3;
x=15;
if(!k1)   x--;
else  if(k2)    x=4;
else   x=3;
```

2．以下程序的输出结果是_____。

```
#include <stdio.h>
main()
{   int  s=0, n;
    for (n=0; n<4; n++)
    {   switch(n)
        {   default:  s+=5;
            case 1:  s+=1;
            case 2:  s+=2;
            case 3:  s+=3;
        }
    }
    printf("%d\n", s);
}
```

3．以下程序段运行后 sum 的值是_____。

```
int a[3][3]={{3,5},{8,9},{12,35}},i,sum=0;
for(i=0;i<3;i++) sum+=a[i][2-i];
```

4．以下程序的输出结果是_____。

```
#include <stdio.h>
int main()
{
    int i=10,n=0,m=0;
    do
    {
        if(i%2!=0)
            n=n+i;
        else
            m=m+i;
        i--;
```

```
        }while(i>=0);
        printf("n=%d,m=%d\n",n,m);
        return 0;
    }
```

5. 以下程序的输出结果是_____。

```
    #include <stdio.h>
    void main()
    {
        int a,b;
        for(a=1,b=1;a<=100;a++)
        {
            if(b>20) break;
            if(b%4==1)
                {
                    b=b+4;
                    continue;
                }
            b=b-5;
        }
        printf("b=%d\n",b);
    }
```

6. 以下程序的输出结果是_____。

```
    #include <stdio.h>
    funa(int a)
    {   int b=0;
        static int c=4;
        a=c++,b++;
        return(a);
    }
    main()
    {   int a=2,i,k;
        for(i=0;i<2;i++)
        k=funa(a++);
        printf("%d\n",k);
    }
```

7. 以下程序的输出结果是_____。

```
    #include <stdio.h>
    void main(void)
    {
        char a[]="ABCDEFGH",b[]="abcDefGh";
        char *p1,*p2;
        int k;
        p1=a; p2=b;
        for(k=0;k<=7;k++)
```

```
        if  (*(p1+k)==*(p2+k))
             printf("%c",*(p1+k));
      printf("\n");
   }
```

8. 以下程序的输出结果是_____。

```
#include <stdio.h>
#include <string.h>
int main()
{
    int i;
    char str1[30]="abc",str2[3][5]={"defg","hij\0","klm"};
    for(i=1;i<3;i++)
        strcat(str1,str2[i]);
    puts(str1);
    return 0;
}
```

三、程序填空（每空 2 分，共 16 分）

1. 以下程序中函数 fun 的功能是求 k!，所求阶乘的值作为函数值返回。例如，若 k = 10，则应输出 3628800。请把程序补充完整。

```
#include<stdio.h>
long  fun ( int   k)
{  if  (k > 0)
       return (___【1】___);
   else if (___【2】___)
       return 1L;
}
main()
{  int k = 10;
   printf("%d!=%ld\n", k, fun ( k ));
}
```

2. 函数 fun 的功能是逆序放置数组元素中的值，形参 n 给出数组中的数据的个数。例如，若 a 所指数组中的数据依次为 1、2、3、4、5、6、7、8、9，则逆序放置后依次为 9、8、7、6、5、4、3、2、1。请把程序补充完整。

```
void fun(int a[], int n)
{  int i, t;
   for (i=0; i<___【3】___ ; i++)
   {  t = a[i];
      a[i] = a[n-1-___【4】___ ];
      ___【5】___ = t;  } }
```

3. 以下的程序功能是输出 1～100 之间的全部素数，其中函数 prime 的功能是判断一个数 n 是否为素数。当 n 为素数时，函数 prime 的返回值为 1；当 n 不是素数时，函数 prime 的返回值为 0。请把程序补充完整。

```
#include <stdio.h>
#include <math.h>
int prime(int n)
{    int i;
     for(i=2;i<=sqrt(n);i++)
         if( 【6】 ) return 0;
     return 1;
}
int main()
{    int i;
     for(i=2;  【7】  ;i++)
         if(  【8】  )) printf("%5d",i);
     printf("\n");
     return 0;
}
```

四、编程题（每题 10 分，共 40 分）

1．定义一个二维数组，存入 20 名学生的数学、语文、英语、物理、化学 5 门课程的成绩，计算并输出每门课程的平均成绩和每名学生的平均成绩。

2．编写函数实现两个字符串的连接。要求不能使用 strlen、strcat、strcpy 等字符串处理函数。函数原型"void cat(char s1[], char s2[], char s3[]);"，主函数中完成两个字符串的输入和 cat 函数的调用，输出连接后的结果。

3．编写输入数据函数、排序函数、输出函数，完成 10 个整数的输入、排序和输出，在主函数中进行测试。输入函数的功能是当程序运行时，通过键盘输入 10 个整数。输入函数原型为

```
    void inputData(int a[],int n);
```

排序函数的功能是用冒泡排序或选择排序把 10 个整数从大到小排序。排序函数原型为

```
    void  sort(int a[],int n);
```

输出函数的功能是把排好序的 10 个整数在屏幕上输出。输出函数原型为

```
    void outputData(int a[],int n);
```

4．已知 25 的平方等于 625，观察得到 625 最右端的前两位就是 25，则称 25 为同构数。输出 1000 之内的所有同构数。（注：1、5、6 都是同构数）。

综合练习题 5

一、选择题（每题 2 分，共 20 分）

1. 两个 double 类型的变量运算，不能使用的二元运算符是（　　）。

    A．>   B．‖   C．=   D．%

2. 构成 C 语言程序的基本模块是（　　）。

    A．文件   B．函数   C．字符   D．数据

3. 若有以下定义和语句，则不能表示数组 a 中元素的表达式是（　　）。

```
int a[10]={1,2,3,4,5,6,7,8,9,10},*p=a;
```

    A．*p   B．a[10]   C．*a   D．a[p-a]

4. 以下定义的 x 不是一个变量的是（　　）。

    A．int **x;   B．float *x;

    C．char *x[10];   D．double (*x)[10];

5. 以下选项无语法错误，并且 s 是长度为 5 的字符串的是（　　）。

    A．char s[5]={"ABCDE"};   B．char s[5]={'A', 'B', 'C', 'D', 'E'};

    C．char s[5]="ABCDE"; ;   D．char *s; s="ABCDE";

6. 以下不能正确定义数组并赋初值的是（　　）。

    A．int a[2][ ]={ 1, 2, 3, 4, 5, 6 };

    B．int a[ ][3]={ 1, 2, 3, 4, 5, 6 };

    C．int a[2][3]={ 1, 2, 3, 4, 5, 6 };

    D．int a[6]={ 1, 2, 3, 4, 5, 6 };

7. 在 C 语言中，下列关于 while、do-while 和 for 这 3 种循环语句的说法中错误的是（　　）

    A．3 种循环语句可以相互替代

    B．do-while 语句中不能使用 continue 语句

    C．while 后面小括号中的条件表达式不能为空

    D．在循环嵌套时，内存和外层的循环可以用不同的循环语句实现

8. 以下有关函数参数的说法正确的是（　　）。

    A．总是把函数形参作为变量处理

    B．总是把函数实参作为变量处理

    C．形参和实参数据类型必须一致

    D．在函数调用时，若指针变量作参数，则实参和形参的值是双向传递的

9. 在执行 fopen 函数时，若执行不成功，则函数的返回值是（　　）。

    A．TRUE   B．–1   C．1   D．NULL

10. 设有以下说明语句，则下面的叙述不正确的是（　　）。

```
struct stu { int a; float b; } stutype;
```

A．struct 是结构体类型的关键字

B．struct stu 是用户定义的结构体类型

C．stutype 是用户定义的结构体类型名

D．a 和 b 都是结构体成员名

二、读程序写结果（每题 3 分，共 24 分）

1．以下程序的输出结果是_____。

```
#include<stdio.h>
#include<stdio.h>
int main()
{
    int a=6,b=7,c=8;
    printf("%d",a<b<c);
    printf("%d",c>b>a);
    return 0;
}
```

2．以下程序的输出结果是_____。

```
#include<stdio.h>
void ast(int x,int y,int *cp,int *dp)
{
    *cp=x+y;
    *dp=x-y;
}
int main()
{
    int a,b,c,d;
    a=6;
    b=7;
    ast(a,b,&c,&d);
    printf("%d,%d\n",c,d);
}
```

3．以下程序的输出结果是_____。

```
#include<stdio.h>
int fun()
{
    static a;
    extern b;
    a=6;
    return a+b;
}
int a=5,b=8;
int main()
{
```

```
    int a;
    extern b;
    b=3;
    a=fun();
    printf("%d",a+b);
}
```

4. 以下程序的输出结果是_____。

```
#include<stdio.h>
int main()
{
    char  x='B';
    switch(x)
    {
    case  'A':
        printf("excellent");
    case  'B':
        printf("good");
    case  'C':
        printf("mid");
    default:
        printf("pass");
    }
}
```

5. 以下程序的输出结果是_____。

```
#include<stdio.h>
int main()
{
    int x,y,z;
    x=y=1;
    z=++x-1;
    printf("%d,%d,",x,z);
    z+=y++;
    printf("%d,%d\n",y,z);
    return 0;
}
```

6. 以下程序的输出结果是_____。

```
#include<stdio.h>
int main()
{
    int a[]={6,7,8,9,10};
    int i,y=0,*p=a;
    for(i=0;i<5;i++)
        y+=*p++;
    printf("%d",y);
```

```
        return 0;
    }
```

7. 以下程序的输出结果是_____。

```
#include<stdio.h>
int main()
{
    int i=1,s=0;
    do
    {
        s+=i*2+1;
        i++;
    }
    while(s<10);
    printf("i=%d,s=%d\n",i,s);
    return 0;
}
```

8. 以下程序的输出结果是_____。

```
#include<stdio.h>
int main()
{
    int p[7]={11,13,14,15,16,17,18},i=0,k=0;
    while(i<7&&p[i]%3)
    {
        k=k+p[i];
        i++;
    }
    printf("k=%d\n",k);
}
```

三、程序填空（每空 2 分，共 16 分）

1. 以下程序的功能是把数组 a 中大于平均值的数找出来放到数组 b 中，然后输出平均值和大于平均值的数，请把程序补充完整。

```
#include<stdio.h>
int main()
{   int a[10],b[10],sum;
    int *p=a,*q=b;
    int *end;
    double ave;
       【1】   ;
    for(p=a; p<end; p++)
        scanf("%d", p);
    sum=0;
    for(p=a; p<end; p++)
        sum=sum + *p;
    ave=sum/10.;
```

```
    for(p=a; p<end; p++)
        if(*p>ave)
        {   ___【2】___;
            q++;
        }
    printf("The average:%.2lf\n",ave);
    //以下输出大于平均值的数:
    for(p=b;___【3】___; p++)
        printf("%d ", *p);
    printf("\n");
    return 0;
}
```

2. 以下程序的功能是把字符串 a 复制到字符串 b 中并输出 b，请把程序补充完整。

```
#include<stdio.h>
int main()
{
    char a[100],b[100];
    int n,i;
    gets(a);
    n=0;
    while(___【4】___ !='\0')
        n++;   //求得 n 为字符的个数
    for(i=0;___【5】___ ;i++)
        b[i]=a[i];
    puts(b);
    return 0;
}
```

3. 以下程序的功能求从 100～200 之间的素数的平均值。请把程序补充完整。

```
#include<stdio.h>
int prime(int x)            //判素数函数,1 代表素数;0 代表非素数
{
    int i;
    if(x<2)
        return 0;
    for(i=2; i<x; i++)
        if(x%i==0)
            ___【6】___;
    return 1;
}
int main()
{
    int sum=0,n=0,i;
    float average;
    for(i=100; i<200; i++)
        if(___【7】___ )
```

```
        {   sum+=i;
            n++;
        }
    average=___【8】___;
    printf("%f",average);
    return 0;
}
```

四、编程题（每题 10 分，共 40 分）

1. 求以下公式的 sum 的值，累加到 30 项。注意：分母是 Fibonacci 数列，不能定义数组存放分母或分子，也不能用递归函数求 Fibonacci 数列的第 *n* 项。

$$sum = \frac{1}{1} + \frac{2}{1} + \frac{1}{2} + \frac{2}{3} + \frac{1}{5} + \frac{2}{8} + \frac{1}{13} + \frac{2}{21} + \cdots$$

2. 求 6×7 的二维数组中所有元素的最大值、最小值和平均值并输出。其中，二维数组是整数数组，在程序运行时，从键盘输入数组的所有元素。

3. 从键盘输入一个字符串，若该字符串中有奇数个字符，则在最后补一个逗号 "，"，若该字符串中有偶数个字符则不处理，然后把前一半字符和后一半字符交换形成一个新的字符串，并输出。输入/输出举例如下。

（1）输入 ABCDEFGH，输出 EFGHABCD。

（2）输入 ABCDEFG，输出 EFG,ABCD。

4. 已知一个数组中存放 20 个整数，把其中所有的正整数找出来放到另一个数组中，把这些正整数按从小到大排序并输出。要求：程序运行时从键盘输入 20 个整数，排序用一个函数实现。

综合练习题 1 答案

一、选择题

BADBC　　　CCACC　　　BADCB

二、读程序写结果

1. AB
2. k=3，k=6，k=7，
3. 4,25,27,16
4. 8,8,8,8
   8,9,9,9
5. 0,1,2,3,
6. 0,0,0,1,2,0,2,3,4,
7. abc+abc=defdef
8. 1,3
   1,6

三、程序填空

1. x>=0
2. x<amin
4. p<a+10
4. *s<*p
5. d+i
6. t[d+i]='\0';　或 t[2*d]='\0';
7. fun(s,t);
8. n<10
9. high%j==0
10. return sum

四、编程题

1.

```c
#include<stdio.h>
void main()
{
    double x,sum=0,y=1;
    int n=1;
```

```
        scanf("%lf",&x);
        while(y>=1.0e-6)
        {   sum=sum+y;
            printf("\nThe y:%lg\n",y);
            y=y*x/n;
            n++;
        }
        printf("\nThe sum:%lg\n",sum);
    }
```

2.

```
    #include<stdio.h>
    int main()
    {
        int a=0;
        int n,i;
        char str[20];
        gets(str);
        n=0;
        while(str[n])n++;
        for(i=0;i<n;i++)
            a=a*10+(str[i]-'0');
        printf("\n%d\n",2*a);
        return 0;
    }
```

3.

```
    #include<stdio.h>
    void sort(int a[],int n)
    {   int i,j,k,t;
        for(i=0;i<n-1;i++)
        {   k=i;
            for(j=i+1;j<n;j++)
                if(a[j]<a[k])k=j;
            t=a[k];
            a[k]=a[i];
            a[i]=t;
        }
    }
    int wanshu(int x)
    {   int i,sum=0;
        for(i=1;i<x;i++)
            if(x%i==0)sum+=i;
        if(sum==x)return 1;
        else return 0;
    }
    int main()
```

```
{
    int a[20],w[20]={0},i,n=0;
    for(i=0;i<20;i++)
        scanf("%d",a+i);
    sort(a,20);
    printf("\n 排序好的 20 个数:\n");
    for(i=0;i<20;i++)
        printf(" %d ",a[i]);
    for(i=0;i<20;i++)
    {
        if(wanshu(a[i]))
        {   w[n]=a[i];
            n++;
        }
    }
    printf("\n 其中有%d 个完数如下:\n",n);
    for(i=0;i<n;i++)
        printf(" %d ",w[i]);
    printf("\n");
    return 0;
}
```

综合练习题 2 答案

一、选择题

C D D B A   C D D B C

二、读程序写结果

1. 2,2,2
2. 15,16
3. 7 5 3
4. 9,8
5. 17
6. 175
7. 3 6
8. 76
9. 3
10. 6

三、程序填空

1. i==j
2. i+j==3
3. p–>data=ch;
4. p=head;
5. i
6. return 1
7. *ss==c
8. fun(a,ch)
9. str1[i]==str2[i]
10. str1[i]–str2[i]

四、编程题

1.

```
#include<stdio.h>
#include<math.h>
int main()
{   int i,j,num,num2;
    for(i=1;i<9;i++)
```

```
                for(j=0;j<9;j++)
                { if(j!=i)
                    {   num=1100*i+11*j;
                        num2=(int)sqrt(num);
                        num2*=num2;
                        if(num==num2)
                        printf("车牌号是 %d\n",num);
                    }
                }
        return 0;
}
```

2.

```
#include<stdio.h>
int main()
{   void merge(int x[],int m,int y[],int n,int z[]);
    int x[10]={4,8,12,16,22,36,43,51,60,88};
    int y[8]={1,5,6,30,31,250,253,254};
    int i,z[18];
    merge(x,10,y,8,z);
    for(i=0;i<10;i++)
        printf(" %d ",x[i]);
    printf("\n");
    for(i=0;i<8;i++)
        printf(" %d ",y[i]);
    printf("\n");
    for(i=0;i<18;i++)
        printf(" %d ",z[i]);
    printf("\n");
    return 0;
}
void merge(int x[],int m,int y[],int n,int z[])
{   int i=0,j=0,k;
    for(k=0;k<m+n;k++)
    {   if(i<m&&j<n)
        {   if(x[i]<y[j]){z[k]=x[i];i++;}
            else {z[k]=y[j];j++;}
        }
        else if(i==m)
        {   z[k]=y[j];
            j++;
        }
        else if(j==n)
        {   z[k]=x[i];
            i++;
        }
    }
}
```

3.

```c
#include <stdio.h>
int letter(char x)
{   if(x>='a'&&x<='z')return 1;
    if(x>='A'&&x<='Z')return 1;
    if(x>='0'&&x<='9')return 1;
    return 0;
}
int main()
{   char filename[30];
    char a,b;
    int num;
    FILE *fp;
    puts("请输入文件名:\n");
    gets(filename);
    if((fp=fopen(filename,"r"))==NULL)
    {   printf("打开文件失败\n");
        return 0;
    }
    a=' ';
    num=0;
    while(!feof(fp))
    {   b=fgetc(fp);
        if(!letter(a)&&letter(b)) num++;
        a=b;
    }
    fclose(fp);
    printf("\n文件%s中单词的个数是:%d 个\n",filename,num);
    return 0;
}
```

4.

```c
#include <stdio.h>
int main()
{   int num[10],den[10],i,j,k,t;
    double value[10],t2;
    for(i=0;i<10;i++)
    {   scanf("%d/%d",num+i,den+i);
        value[i]=1.0*num[i]/den[i];
    }
    for(i=0;i<9;i++)
    {   k=i;
        for(j=i+1;j<10;j++)
            if(value[j]>value[k])k=j;
        if(k!=i)
        {   t=num[k];
            num[k]=num[i];
```

```
                num[i]=t;
                t=den[k];
                den[k]=den[i];
                den[i]=t;
                t2=value[k];
                value[k]=value[i];
                value[i]=t2;
            }
        }
    for(i=0;i<10;i++)
        printf(" %d/%d ",num[i],den[i]);
    printf("\n");
    return 0;
}
```

综合练习题 3 答案

一、选择题

DBCCD　CAADC　DBABB

二、读程序写结果

1. c=20,d=10
2. 5,48
3. 24.0
4. 18
5. 13,10
6. 10,21
7. 60,61,201
8. 64

三、程序填空（每空 2 分，共 20 分）

1. a[i][0]=1
2. i<N
3. j<=i
4. char s[20]
5. "%s", str[i]
6. k=i
7. str[i]
8. *s1!='\0'或 *s2!='\0'
9. return *s1−*s2
10. str1,str2

四、编程题

1.

```
//解法 1:
#include<stdio.h>
void main()
{
    int x,y,a,b,c,d;
    for(x=1000;x<10000;x++)
    {   a=x/1000;
        b=x/100%10;
```

```
        c=x/10%10;
        d=x%10;
        y=d*1000+c*100+b*10+a;
        if(9*x==y)
            printf(" x:%d  y:%d\n",x,y);
    }
}
//解法2:
#include<stdio.h>
void main()
{
    int x,y,a,b,c,d;
    for(a=1;a<10;a++)
    for(b=0;b<10;b++)
    for(c=0;c<10;c++)
    for(d=1;d<10;d++)
    {   x=a*1000+b*100+c*10+d;
        y=d*1000+c*100+b*10+a;
        if(9*x==y)
            printf("x:%d  y:%d\n",x,y);
    }
}
```

2.

```
#include<stdio.h>
int prime(int m)
{   int i;
    for(i=2;i<m;i++)
        if(m%i==0)return 0;
    return 1;
}
void f(char s[])
{   int i,j;
    for(i=0,j=0;s[i]!='\0';i++)
        if(!prime(s[i]))s[j++]=s[i];
    s[j]='\0';
    return;
}
void main()
{   char str[50];
    gets(str);
    f(str);
    puts(str);
}
```

3.

```
#include<stdio.h>
void main()
```

```
{    int a[6][5];
     int i,j,max[6];
     double ave[5]={0};
     for(i=0;i<6;i++)
     for(j=0;j<5;j++)
         scanf("%d",a[i]+j);
     for(i=0;i<6;i++)
     {   max[i]=a[i][0];
         for(j=0;j<5;j++)
         {   if(max[i]<a[i][j])max[i]=a[i][j];
         ave[j]=ave[j]+a[i][j]/6.0;
         }
     }
     printf("每行最大值:\n");
     for(i=0;i<6;i++)
         printf("%d ",max[i]);
     printf("\n 每列平均值:\n");
     for(i=0;i<5;i++)
         printf("%.2f ",ave[i]);
     printf("\n");
}
```

综合练习题 4 答案

一、选择题

C C D A C   D A C B D

二、读程序写结果

1．3
2．25
3．21
4．n=25,m=30
5．b=21
6．5
7．DG
8．abchijklm

三、程序填空

1．k*fun(k−1)
2．k==0
3．n/2
4．i
5．a[n−1−i]
6．n%i==0
7．i<=100
8．prime(i)或 prime(i)==1

四、编程题

1．

```c
#include <stdio.h>
#define N 20
#define M 5
void main()
{
    int scores[N][M];
    int i,j,sum;
    for(i=0; i<N; i++)
    {
        for(j=0; j<M; j++)
```

```
                    scanf("%d",&scores[i][j]);
        }
        printf("序号\t 数学\t 语文\t 英语\t 物理\t 化学\t 平均成绩\n");
        for(i=0; i<N; i++)
        {
            sum=0;
            printf("%d\t",i+1);
            for(j=0; j<M; j++)
            {
                sum+=scores[i][j];
                printf("%d\t",scores[i][j]);
            }
            printf("%d\n",sum/M);
        }
        printf("\n 平均\t");
        for(j=0; j<M; j++)
        {
            sum=0;
            for(i=0; i<N; i++)
                sum+=scores[i][j];
            printf("%d\t",sum/N);
        }
        printf("\n");
    }
```

2.

```
#include<stdio.h>
void  cat(char s1[], char s2[], char s3[])
{
    int i,j;
    for(i=0; s1[i]!='\0'; i++)
        s3[i]=s1[i];
    for(j=0; s2[j]!='\0'; j++,i++)
        s3[i]=s2[j];
    s3[i]='\0';
}
void main()
{
    char s1[40],s2[40],s3[80];
    printf("请输入第一个字符串：");
    gets(s1);
    printf("请输入第二个字符串：");
    gets(s2);
    cat(s1,s2,s3);
    printf("连接后的结果是：%s\n",s3);
}
```

3.

```c
#include <stdio.h>
#include <stdlib.h>
#define SIZE 10
void inputData(int a[],int n);
void selectedSort(int a[],int n);
void bubbleSort(int a[],int n);
void outputData(int a[],int n);
void main()
{
    int a[SIZE];
    inputData(a,SIZE);
    selectedSort(a,SIZE);
    bubbleSort(a,SIZE);
    outputData(a,SIZE);
}
void inputData(int a[],int n)
{
    int i;
    printf("请输入%d个整数：\n",n);
    for(i=0; i<n; i++)
        scanf("%d",&a[i]);
}
void selectedSort(int a[],int n)        //选择排序
{
    int i,j,t,max;
    for(i=0; i<n-1; i++)
    {
        max=i;
        for(j=i+1; j<n; j++)
            if(a[j]>a[max])
                max=j;
        t=a[i];
        a[i]=a[max];
        a[max]=t;
    }
}
void bubbleSort(int a[],int n)          //冒泡排序
{
    int i,j,t;
    for(i=0; i<n-1; i++)
    {
        for(j=0; j<n-i-1; j++)
        {
            if(a[j]<a[j+1])
            {
                t=a[j];
```

```
                a[j]=a[j+1];
                a[j+1]=t;
            }
        }
    }
}
void outputData(int a[],int n)
{
    int i;
    printf("数组为：\n");
    for(i=0; i<n; i++)
    {
        printf("%d ",a[i]);
    }
    printf("\n");
}
```

4.

```
#include<stdio.h>
int main()
{
    int x,y,weishu;
    for(x=1;x<1000;x++)
    {
        weishu=1;
        y=x;
        while(y)
        {
            weishu=weishu*10;
            y=y/10;
        }
        if(x*x%weishu==x)
            printf("%d\n",x);
    }
    return 0;
}
```

综合练习题 5 答案

一、选择题

D B B C D   A B A D C

二、读程序写结果

1. 10
2. 13,−1
3. 12
4. goodmidpass
5. 2,1,2,2
6. 40
7. i=4,s=15
8. k=38

三、程序填空

1. end=a+10
2. *q = *p
3. p<q
4. a[n]
5. i<=n
6. return   0
7. prime(i)
8. 1.0 * sum / n

四、编程题

1.

```
#include<stdio.h>
int main()
{
    int f1,f2,i;
    double sum;
    sum=0.0;
    f1=f2=1;
    for(i=1;i<=15;i++)
    {
        sum=sum+1.0/f1+2.0/f2;
```

```
            f1=f1+f2;
            f2=f1+f2;
        }
        printf("%f\n",sum);
        return 0;
    }
```

2.

```
    #include<stdio.h>
    #define M 6
    #define N 7
    int main()
    {
        int a[M][N];
        int i,j,max,min;
        double average;
        for(i=0; i<M; i++)
            for(j=0; j<N; j++)
                scanf("%d",a[i]+j);
        max=min=a[0][0];
        average=0.0;
        for(i=0; i<M; i++)
            for(j=0; j<N; j++)
            {
                if(max<a[i][j])
                    max=a[i][j];
                if(min>a[i][j])
                    min=a[i][j];
                average=average+a[i][j];
            }
        average=average/(M*N);
        printf("max:%d\nmin:%d\naverage:%lf\n",max,min,average);
        return 0;
    }
```

3.

```
    #include<stdio.h>
    int main()
    {
        int i,n;
        char s[100],t;
        gets(s);
        n=0;
        while(s[n])n++;
        if(n%2)
        {
            s[n]=',';
```

```
            n++;
            s[n]='\0';
        }
        for(i=0;i<n/2;i++)
        {
            t=s[i];
            s[i]=s[i+n/2];
            s[i+n/2]=t;
        }
        puts(s);
        return 0;
    }
```

4.

```
    #include<stdio.h>
    void sort(int a[],int n)
    {
        int i,j,k,t;
        for(i=0; i<n-1; i++)
        {
            k=i;
            for(j=i+1; j<n; j++)
                if(a[j]<a[k])
                    k=j;
            if(k!=i)
            {
                t=a[k];
                a[k]=a[i];
                a[i]=t;
            }
        }
        return;
    }
    int main()
    {
        int a[20],b[20];
        int i,n;
        for(i=0; i<20; i++)
            scanf("%d",&a[i]);
        n=0;
        for(i=0; i<20; i++)
            if(a[i]>0)
                b[n++]=a[i];
        sort(b,n);
        for(i=0; i<n; i++)
            printf("%d  ",b[i]);
        printf("\n");
        return 0;
    }
```

参 考 文 献

[1] 李国和. C 语言及其程序设计[M]. 北京：电子工业出版社. 2018.

[2] 张岩，张丽英，李国和等. C 语言程序设计[M]. 山东：中国石油大学出版社. 2013.

[3] 谭浩强. C 程序设计（第 4 版）[M]. 北京：清华大学出版社. 2010.

[4] 谭浩强. C 程序设计（第 4 版）学习辅导[M]. 北京：清华大学出版社. 2010.

[5] 苏小红等. C 语言程序设计[M]. 北京：高等教育出版社. 2011.

[6] 苏小红等. C 语言程序设计学习指导[M]. 北京：高等教育出版社. 2011.

[7] KERNIGHAN B W, RITCHIE D M. The C Programming Language[M]. 2nd ed. 北京：清华大学出版社，1996.

[8] 田丽华. C 语言程序设计[M]. 北京：清华大学出版社. 2010.

[9] 耿祥义，张跃平. C 语言程序设计实用教程[M]. 北京：清华大学出版社. 2010.